就職しないで生きるには21

小さくて強い農業をつくる

久松達央

晶文社

装丁　寄藤文平＋吉田考宏（文平銀座）
写真　中本浩平、伏見友季、久松達央
編集　柳瀬徹

はじめに

久松農園（茨城県土浦市）は、4ha（ヘクタール）ほどの小さな畑で年間50品目以上の旬の有機野菜を露地栽培し、飲食店や全国の契約消費者に直接販売する、というちょっと変わった経営スタイルを取っています。

15年前に農園を立ち上げる前は、僕は大学を出て会社に就職した普通のサラリーマン。僕も含めて7人のスタッフ全員が、この農園に入社するまでは農業の経験がない者ばかりです。そんな素人集団が、都内の一流レストランのシェフをはじめ、舌の肥えたお客さんに喜んでもらえる美味しい野菜を作り、経営的にも何とか成り立っています。

カネも技術もない僕たちの強みは、高いモチベーションと徹底した業務の効率化。農園をコンパクトなサイズに保ち、生産から販売までを一貫して手がけることが、環境の厳しい農業界での僕たちなりの生き残り策です。お客さんには深い喜びを味わってもらい、僕たちは好きな仕事でメシが食える。これが、僕たちの目指す「小さくて強い農業」です。

と、いうと、聞こえはいいですが、見通しがあってここに向かってきた訳では全くありません。ここまでの自己紹介は全くの結果論。問題にぶつかっては、場当たり的にバタバタあがき、何とか生き延びた結果が今の形です。いつのまにか「起業した人」ということになっていますが、自らの強い意思で新たな道を歩んだというよりは、事故で脱線してしまっただけ。戦略や先見とはほど遠い人生を歩んできました。本編にも登場する長野で農業を営む友人、萩原紀行氏は、拙著『キレイゴトぬきの農業論』（新潮新書）を読んだ後輩から、

「萩原さん、久松さんをご存じなんですか？　あの人、すごい戦略家ですよね！」

と言われて思わず、

「違うと思うよ。あの人はもっとバカな人だから……」

と答えてしまったそうです。

農業のセンスもガッツもない僕は、自分を栽培者としては二流、経営者としては三流だと思っています。振り返ると、失敗の山また山。始めた頃はもちろん、昨年のこ

とですら思い出したくない恥ずかしいことばかりです。これからも壁に当たり、そのたびにあがいて、情けない失敗を繰り返しながら生きていくのだと思います。

確かに、農家出身ではない人間が農業を始めるのは、楽なことではありません。政府の調査では、就農10年以内の農業者の7割以上が、生計が成り立っていないと答えています。周りを見ても、同じ頃に就農した仲間たちが、一人また一人と辞めていっています。

国や自治体は、農業に取り組む人を増やそうと、さまざまな就農支援制度を設けています。準備金の給付、有給の研修プログラムの提供など、僕たちの時代には考えられない充実したものばかり。いい時代になったなぁ、と思う一方で、そうした制度で本当に強い農業者が育つのかと、疑問も感じています。制度が「充実」していけばいくほど、15年前の僕が、その制度には魅力を感じなかっただろうと思うからです。

「栽培技術や経営管理を身につけ、しっかりした資金計画を立てましょう。家族の協力を取り付け、地域とのコミュニケーションが取れる人間になりましょう」

就農時に、さまざまな受け入れ自治体でそう言われました。今聞くと、その通りです。一つも間違っていません。けれど、就農したときの僕は、そんなことに全く聞く耳を持ちませんでした。

事業計画とかじゃないんだよ。

地域に溶け込むとかじゃないんだよ。

俺はただやりたいんだよ。

結局何も分からないまま、手続きを全部すっ飛ばして農業の世界にもぐり込んだので、始めてからずいぶん遠回りをしました。それでも、無駄な経験は何一つありません。この仕事が本当に好きで、体の中で燃えている火が強かったので、失敗から多くの事を学び、たいていのことは乗り越えられました。

「農業は体で覚える昔ながらの仕事」という時代は終わりつつあります。有機農業のようなローテクな世界ですら、経営と科学の考え方が必要になりました。しかし、巷にあふれるノウハウ本に書いてあるような、ビジネスの手管だけで生き残れるほど、農業は甘くありません。「やりたいんだよ！」という消えることのない種火が腹の底になければ、どんなに風を送っても強い炎を燃やし続けることはできないのです。情念という種火に、経営と科学という薪をくべ続けることが必要です。

たとえるとすれば僕は、入試に落ちて、塀を乗り越えて学校の敷地に潜り込んだ受験生のような農家です。今後も僕と同じような人は、「入試」には受からないか、ハナから受けようとしないでしょう。それでも、結果的には僕は今も生き残り、生計が成り立つ3割の方に入っています。もしかしたら、合格発表から漏れた番号の側に、何かのヒントが隠されているのかもしれません。それなら、たとえ未熟で恥ずかしい過去でも書き記すことに意味があるだろう、というのが、今回筆を執った理由です。

はじめに断っておきますが、この本には、「農業経営のコツ」や「有機栽培のポイント」のような正解は何一つ書いてありません。成功する人としない人がいる以上、正解はどこかにあるはずです。でも残念ながら、答えがどこにあるのかは今の僕には分かりません。僕にできるのは、現実に農業の現場で起きていることや、そこで考えたことを伝えることだけ。成功のコツを直接語ることはできないが、小さな具体例を積み重ねることで、「正解」の輪郭を浮かび上がらせることはできるかもしれない。そんな風に考えました。

この本は、

・王道を歩む農業の精鋭には、こんなのもいるんだからもっと先へ行けるぞという自信を

・自分には向いていないと思う人には、それが挑戦を諦める理由にはならない根拠を

・その他多くの就農希望者には、馬鹿馬鹿しくなって夢から覚めるきっかけを

それぞれ与えられることを願って書かれたものです。

よほどの幸せ者でない限り、今の日本がこのままでいいと思っている人はいないはずです。一方で、これから何をどうしたらいいかは、誰にも分かりません。それでも私たちは、力を尽くして生きていかなければなりません。

みんながうらやむ正しい進路などないことがはっきりした今、若者は好きなことをつらぬき、自分の頭と手で考え、時代を切り開かねばなりません。農業は、それを小規模でも実現できる、数少ない仕事の一つです。人間の思い通りにならない条件の中で勝機を見つける、知的でクリエイティブな農業の魅力が伝わることを願っています。

目次

第一章　一流企業サラリーマン、華麗に道を踏みはずす

第二章　新人農家「農家に向いていない」ことを思い知る

第三章　言葉で耕し、言葉で蒔く。チームで動く久松農園の毎日

第四章　「向いていない農家」は、日々こんなことを考えている

第五章　向いていない農家、生き残るためにＩＴを使う

第六章　カネに縛られない農業を楽しむための経営論

第七章　強くて楽しい「小」を目指して

小さくて強い農業をつくる

第一章

一流企業サラリーマン、華麗に道を踏みはずす

「社内に君のファンを増やしなさい」

僕は、世間では「一流大学」と呼ばれる大学を出て、「一流企業」と呼ばれる会社に就職した人間です。そんな僕がなぜ順風なサラリーマン生活を捨てて、厳しい農業の世界に飛び込むに至ったのかをまずお話しします。

僕が帝人株式会社に就職したのは1994年4月。バブル崩壊後の就職氷河期に突入した頃です。1歳上の先輩の代は、採用人数が2年前の半分、僕たちの代はそのまた半分と、採用数が絞られていった時期です。

1ヵ月の新入社員研修が終わり、言い渡されたのは大阪本社の繊維事業部勤務でした。工業分野の技術的な営業の仕事がしたくて帝人を選んだ僕は、樹脂かフィルム部門での東京勤務を希望していたので、かなりショックでした。かろうじて高機能繊維の営業の仕事があったので、何としてでもそこには行きたいと思い、部門の配属面接で強く希望しました。面接官は繊維部門トップの役員と人事課長です。役員の方が僕に言いました。

「君の言うことはわかるが、繊維は会社の柱で、いろいろな部署がある。当然、衣料品の仕事をやってもらうこともあるぞ」

「いえ、自分は衣料品には全く興味がありません」

「それだと上へは上がっていけないんだよ。君の好きなことだけでは会社は回らないんだ」

「いいえ。自分は工業用途以外はやる気がありません」

役員の方の顔が見る見る紅潮し、僕を指さして大声で怒鳴りました。

「だいたい、君はわがままなんだよ。ワガママ！」

謝るどころか、怒られたって変わらないもんね、と横を向く僕。その時、隣で黙って聞いていた人事課長が静かにとりなしてくれました。

「君のように、やりたいことがはっきりしているというのは、とてもいいことだと思う。それは大事にしていい。だけどね、大きな組織の中で自分のやりたいことを実現するためには、久松くんのファンを増やしていかなきゃいけないね。そう思って頑張ってみたらどうだろう」

すっと腑に落ちるものがあり、妙に納得しました。すぐに理解できたわけではありません。むしろ会社を辞めて独立してから、この時の言葉の本当の意味が分かり、じわじわ効いてくることになります。ちなみに、その課長さんとはその後お会いする機会はほとんどなかったのですが、僕が会社を辞める直前に、海外の赴任先で急逝されました。僕にとってはとても印象深い思い出を残してくれた方です。

主張を曲げなかったのが功を奏したのか、ワガママが通り、高機能繊維の仕事に配属してもらえました。配属式で言い渡された部署に向かい、席に着くと、机の上には既に「輸出担当」

という肩書の入った名刺が用意されていました。TOEICの点数が良かった点を買われて、たまたま輸出要員を探していた希望部署にうまくハマったのです。ラッキーでした。

自分の天井は若いうちに決まる

配属初日、関連部署に挨拶を終えた僕に、直属の上司となった人からA4で4枚くらいの英文の技術レポートが手渡されました。

「これを日本語に要約してみろ」

専門的な内容で、目を通してもさっぱり分かりませんでしたが、他にすることもないので、辞書を引き引き丸2日くらいかかって「大作」を書き上げました。どうだとばかりに提出すると、ざっと目を通しただけで「俺は要約しろと言った。これは全訳だ。夏目漱石の言葉で『今日は忙しいから、葉書でなく手紙にしました』というのがある。短くまとめるというのはそのくらい難しいものだよ。ハイ、やり直し」と突き返されました。とんでもない上司に当たってしまった、と思ったものです。

仕事の基礎に対する指導は厳しく、取引先に送る英文FAXなどは、全体が真っ赤に見えるほど赤字を入れられました。難しくない仕事は適当にやっつければいいと思っていた僕は、「大人をなめるんじゃない」と冷や水を浴びせられた気分でした。
「数行のレターであっても、先方から見れば会社の顔だ。〝On behalf of Teijin（自分は帝人という会社を代表している）〟という姿勢で書くんだ」

この添削はその後もしばらく続きました。格調高い文語体を好み、軽い表現は嫌う。細かい部分まで直されます。「上手くなったやないか」と褒められても、「それはしょせんアナタの好みでしょ」と思うような生意気な新人だったのですが、いつのまにか一人で書けるようになっていました。なにしろ忙しい部署で、何にでも口うるさく言われるわけではなかったのですが、こだわるところは徹底的にやられました。そんな細かいことはいいじゃないですか、と思いながらも、徐々に鍛えられていきました。

今から思うと、こういった新人トレーニングから、２つの大事な事を学びました。ひとつは、仕事から逃げない、ということ。もうひとつは、社会人としての矜持です。

お客さんに対して誠実であるべきなのは仕事の基本です。しかし、面倒なことからは誰でも逃げたくなるもの。だからこそ、逃がしてくれないお客さんがいてくれるおかげで、仕事に正面から向き合える。僕のように怠惰な人間は、厳しく結果を求められる環境から逃げてはいけないのです。

もちろん、資質の違いもありますが、真っ直ぐに対象と向き合えるかどうかは、むしろ習慣の問題だと僕は思っています。逃げることは、知らないうちにクセになります。そして怖いことに、若いうちの逃げグセは固定化します。「自分はこんなもんだ」「これ以上はできない」と、潜在的な能力よりもはるかに低いところに自分で天井をつくってしまうのです。

社会性も、人との関わりの中からしか学べないものです。僕も学生の頃は、自分のことしか考えていませんでした。社会に出て仕事をすると、自分の考えや行動が、否応なしに人に影響します。営業に失敗するとすぐに業績に響き、場合によっては、工場の人員が減らされたりもするのです。

素材メーカーの営業の仕事は、直接動かしているのはあくまでも数字です。その意味では、決められたルールの下でゲームをしているに過ぎません。それでも、社会の監視に晒されている伝統ある会社で、多くの人が関わる仕事の一端を担い、そのすべてが機能することで全体が回らなければ困る人がいる、という感覚は、そこに身を置かなければ実感できないものです。

好き嫌いとは別に、仕事は「ちゃんと」やらなくてはいけないという気持ちは、20代前半に大きな会社に身を置くなかで、自然に吸収したものです。世の中に対して斜に構えていた自分が、矜持のようなものを身につけたのはこの時期だったと思います。

自分自身の看板を背負う

口出しする部分以外は自由に任せてくれる上司に恵まれ、仕事そのものは面白く感じていました。年齢構成が偏っている部署だったので、周りはベテランや中堅ばかり。気軽に相談できる先輩こそいませんでしたが、その分、好き勝手にやらせてもらえました。

サラリーマン色に染まってしまうことには、抵抗もありました。群れるのが嫌いな僕は、毎日同じメンバーで徒党を組んで昼飯を食いに行くのが苦手でした。2週間くらいは付き合っていましたが、すぐに嫌になり、「ちょっと腹の調子が」とか「やりかけた仕事があるので後で」などと断っているうちに誘われなくなりました。群れたがるのはオジサンたちの習性かと思いきや、同期から「お前、いつも一人で飯食うてんなぁ。友達おらんのか?」と言われ、自ら進んで染まっていくやつもいるんだなぁ、と驚きました。当時は、飯も一人で食えないのか、バカめ、くらいに思っていましたが……。

輸出営業の醍醐味は、やはり海外のお客さんと接することです。海外出張や、会社を訪問してくれる顧客と話をするのは楽しみでした。新素材の営業の仕事は、自社の製品で顧客の課題を解決すること。隔たりがある双方の主張を付き合わせ、歩み寄って問題を解決に導く面白さがあります。相手が海外の企業の場合、言葉も、話の進め方も日本の企業とは違います。最初の隔たりが大きいほど、歩み寄る過程が面白くなるのです。

帝人は国内でこそ老舗ですが、海外ではほとんど知名度がありません。特に僕が担当していた分野では、競合する2社に比べて圧倒的な弱小です。大手が支配しているマーケットに、モノの力だけで斬り込んでひっくり返していくのは、やりがいのある仕事でした。


会社生活で違和感を覚えたのは、ビジネスマンとしての評価が、学歴や語学力などの分かりやすい尺度で決まりやすいこと。僕は、たまたま英語がちょっと得意で、名の通った大学の出身だったので、何でもそれに結びつけられてしまいました。皮肉を込めて「学校を褒められても嬉しくないから、目の前の僕を褒めて下さい」と、言ったこともあります。

その一方で能力が高くても、コミュニケーションが不得手で、分かりやすい看板のない人は目立ちにくいことも見えてきます。自分にはあまり価値を見出せない「学歴」や「語学力」という看板が、その人の実際の評価として定着していくのは少し怖くもありました。若かった僕には、「無意味な下駄を履かされない世界で正当に評価されたい」という気持ちもありました。

会社の図体のデカさから来る、動きの遅さも気になりました。間接部門は肥大し、いわゆる大企業病が蔓延していました。皆どこか他人事のような立場で物を言っているし、やる気のないオジサンはたくさんいるし、議事録も取らずに延々と会議をやっているし。大きな組織というのは、組織を組織たらしめておくことにひどくコストがかかるものだなぁと思ったものです。実際、大人数で情報や思いを共有することは簡単ではありません。スピード感が求められる時代には、大きな組織ではなく、自立した個人のゆるやかなネットワークが重要なのではないか、と考えるようになりました。

仕事は面白いが、会社員としての立場や働き方への違和感を拭えない。そんな状況でしだいに気持ちが会社から離れ、「自分のノルマだけをクリアしていればいいや」というところまで後退していきます。いつの間にか、関心の対象が趣味の活動に移っていきました。当時夢中になっていたアウトドアの遊びや、そこに関連した環境保護運動、民俗学などに次第に心を奪われていきました。そんな中に、農業との出会いが待っていました。

「人間らしさ」を求めて

アウトドアにはまっていた僕は、あちこちに出かけてはキャンプや川遊びをしていました。都会から逃げたかったという思いもありました。大阪は東京に比べても緑が少ない街です。東京に住んでいた学生時代はあまり気にならなかったのですが、社会人になってから、ビルが多い都会の空の狭さに圧迫感を感じていました。豊中市という交通の便のいい所に住んでいたので、週末になれば、朝から車にテントを積んで、京都、奈良、和歌山、兵庫、岐阜、時には中四国へも足を伸ばし、山へ、海へ、遊び回っていました。

何をするわけでもありません。自然の中を散策して、夜になればたき火をして、ご飯をつくって、酒を飲んでテントで寝るだけ。高校生の頃から読んでいた椎名誠や野田知佑の世界です。

旅先で出会った人を通じて、長良川の河口堰《ぜき》反対運動の人たちの勉強会などにも顔を出すようになりました。抗議行動に参加したこともあります。活動内容そのものへの賛同もさることながら、関わっている人々に惹かれました。社会に縛られない生き方。お金がなくても生きていくたくましさ。こんなに自由な人生もあるんだな、という新鮮な驚きを覚えました。

自由って何だろう？　というのはその頃悶々と考えていたテーマです。

自由には、束縛からの解放という意味もありますが、自分にとってより重要なのは、自分の意のままに振る舞いたい、という意味での自由です。学校を出て、普通に就職をした自分は、それまでフリーランスとして生きることなど考えたこともありませんでした。ネクタイを締めて、相手に合わせた会話をすることに窮屈さは感じていましたが、敷かれたレールの上を生きていくこと自体には疑問を抱いていなかったのです。不満こそ口にするけれども、型にはまっていれば大丈夫だ、そんな予定調和な生き方を無意識のうちに選択していたのだと思います。

長良川で知り合った人たちは、そういう「型」を嫌い、困難だけれども自由な生き方を実践していました。それがとてもうらやましく見えたのです。

「田舎で暮らすのも悪くないな」

そんな風に思い、「田舎暮らしの本」といったタイトルの本を手に取るようになりました。そこには、田舎への移住を実現させた人たちの実例が紹介され、魅力的なキーワードがずらり並んでいました。

「自然の中で取り戻す人間らしさ」

「自分のために使う自由な時間」

「貧しいけれど豊かな暮らし」

「環境破壊に加担しない生き方」

自分が求めているのはこれかもしれない。心が躍りました。

僕が勤め人をしたのは1994年から98年。バブルが崩壊し、長い不況が始まろうとしているのに、人々がそこから目を逸らしていた時代です。阪神淡路大震災、地下鉄サリン事件が発生し、地球環境問題の深刻さが次々と明らかになり、世の中が、出口のない閉塞感に覆われていきました。就職活動というゲームを経て会社に入ってはみたものの、このまま一生この暮らしを続けるのだろうか、という思いが徐々に抑えられなくなりました。何の疑問もなく20代をエンジョイしている同年代の会社員たちに冷めた視線を送りつつ、「この世界には染まらないぞ」という反発心が、田舎暮らしへのあこがれという形で顕在化したのだと思います。それは、よくいえば生き方の模索、悪くいえば現実逃避です。

同時に、人とは違うことをやりたい、という思いも強くありました。「空気を読む」のは子供の頃から苦手で、学校での無言の同調圧力が大嫌いでした。「束縛されるのは嫌だ」という純粋な思いと、「人と同じ事はしたくない」という小さなプライドの両方がありました。誰もやらない田舎暮らしってかっこいいじゃん。そんな子供っぽい虚栄心があったことは間違いありません。

有機農業と出会う

この頃から農業を仕事として意識し、情報を集めるようになりました。田舎暮らしを志向する人の多くが農業に就いていたからです。当時（1996年頃）はまだインターネットも盛んではありませんでした。家でもネット接続はできましたが、アナログの電話回線。得られる情報も限られていて、あまり実用的ではなく、行政の窓口などでせっせと資料を集めていました。といっても集めただけの「積ん読」状態で、中身を真剣に検討していたわけではありません。

周りの友人たちにも、田舎暮らしへのあこがれを素直に語っていました。今思えば、「こんな会社いつかやめてやる」などという焼き鳥屋のサラリーマンの愚痴と何ら変わりません。周りも笑って聞いていただけでした。

やがて、週末や大型連休などを使って、農業体験プログラムなどに参加するようになりました。大阪に住んでいたこともあり、主に中国地方や四国、九州のプログラムに参加しました。農業体験といっても、定住化促進で移住者を増やそうという行政のイベントなので、参加者はお客様扱いです。いたれりつくせりのファームステイや農業学習会に、毎回すっかり気をよくしていました。

そんななかで、偶然に有機農業と出会いました。手当たり次第に本を読んでいくうちに、学生の頃から関心をもっていた環境問題と農業が深く結びついていることを知りました。遠い世界の出来事だと思っていた環境問題が、暮らしや食べ物の問題と直結していることに気づき、興奮を覚えました。意義のある仕事をしたい、そんな思いが強くなり、農業へのあこがれに具体性が増しました。農業体験に行っては、農家の人や他の参加者と、そんな夢を語り合いました。「自分は真理に気づいてしまった。都市生活に疑問も感じていない人たちは愚かだ」とさえ思っていました。今の自分なら、距離を置きたくなるような面倒なやつです。

それでも、公的機関が勧める「事業計画の策定」のような具体的な準備作業には気乗りがしませんでした。お金のことにはほとんど興味がなかったからです。就農相談に行っても、担当者に聞かれるのは「どんな作物がつくりたいんですか？」「いくら稼ぎたいんですか？」ばかり。「そんなことやってみなければ分かりません。ただ農業を始めたいんです」と堂々巡りでした。

そんな日々で、有機農業を仕事として始めることを後押しした出来事が二つありました。一つは、気に入って何度も通っていた、島根県安来《やすき》市の先輩農家の言葉です。安来市は安来節で知られる、鳥取との県境にある小さな地方都市。かつてはたたら製鉄が盛んだった歴史のある場所で、映画『もののけ姫』の舞台のモデルにもなった地域です。県と市が連携して熱心に就農支援に取り組んでいて、都会から移住して農業を始める人もいました。移住組の人たちと話をしていた時、サラリーマンは仮の姿で、週末のアウトドアや農業の勉強をしているのが本当の自分だ、とはしゃぐ僕に、一人の方がぼそっとつぶやきました。

「20代で土日が楽しみになったらおしまいだよね」

その時は、「言われちゃったな、テヘ」くらいにしか思わなかったのですが、後からこの言葉がボディーブローのように効いてきました。自分は結局、農業へのあこがれで、日常の不満をガス抜きしているだけではないか。心の奥では、今の生き方に満足しているわけがない。本当は人生のテーマになるような事を仕事にして、周りにも堂々と自慢したい。農業をあこがれとして語っている限りは、「宝くじが当たったら会社なんか辞めてやる」という酔っ払いのたわごとと同じだ。腹をくって人生を決める覚悟がないだけじゃないか。そういう思いから逃げられなくなっていきました。

「あきらめさせるためだ」

もう一つの出来事が起きたのは、鹿児島県です。とても気に入っていた場所で、実は就農希望地の筆頭でした。なかでも、県を通じて姶良町《あいら》（現・姶良市）で農業体験を受け入れて下さった、かごしま有機生産組合の方々の考えには感銘を受け、仲間に入れてもらいたいと思いました。

その姶良町での農業体験が終わった後で、有機農業への熱い思いを綴ったレポートを県に送り、次の体験を楽しみにしていた時のことです。意気揚々と県の就農担当者に電話をかけると、開口一番、君のレポートには問題があると言われました。

「私たちが望んでいるのは、地域のリーダーになれる人材。経済農業がきちっとできる人だ。有機農業のような、趣味の農業を志向する人は要らない」

では、どんな農業ならいいのですか？　と尋ねると、

「産地化しているピーマンをやりなさい。２０００万円まで低利で融資してあげる。絶対安全だから」

という答え。それならなぜ、有機農家での体験を受け入れたのですか？　と聞くと、

「あきらめさせるためだ」

と言われました。

自分の夢ばかりか、お世話になった方をも悪く言われたような気がしてひどくショックでした。100円玉をたくさん積み重ねて公衆電話から電話したのに、なんでこんなに説教されなきゃならないんだ、と憤慨して電話を切ったのを覚えています。

しかし、言われたことを考えるうちに、いろいろな論点が見えてきました。

一つは、「絶対安全」というくらい固い商売であるのなら、どうして農家の子供が農業を継がないのか？　という疑問。環境が変化していくなか、大きな設備投資をして一つの品目を栽培し続ける事が事業として「安全」だとは思えない。でも、自分には反論できる材料もないし、やりたいことが周りの農業からどこまで特異なものなのかは、知っておかなければいけない、と。

冷静に思い返してみると、確かに当時の有機農業は、傍目よりはるかに「異端」でした。社会運動としての側面を重視した有機農業者は、近代農業そのものに強く批判的でした。早くから特産物の見直しや改善といった産地形成に取り組み、農業県としての地位を確立していた鹿児島県の行政マンからすれば、何の経験もない若造が賢しらに語る「有機農業論」を苦々しく思うのは当たり前でした。成功するわけがないと思われても不思議はありません。

もう一つの論点は、有機農業は、本当に「きちっとした経済農業」になり得ないダメな仕事なのか、ということです。確かに、当時の有機農業者の間には、お金の話をするのがはばかられるような空気がありました。それをいいことに僕は「経営なんて後からついてくる。大事なのは夢」とばかりに、お金の話から逃げていました。しかし、食っていけなければ、空腹で夢を見ることもできません。

まして、行政からは疎んじられる分野に挑戦しようとしているのです。「業」としてきちんと成立しなければ、社会から認めてもらうことはできないのだな、と思いました。これこそが、いみじくも最初の配属面接で人事課長に言われた、「やりたいことを実現するためには、ファンを増やさなければならない」ということなのではないか。大きな課題を与えられた気がしました。

個人的であいまいな人生の成否

とはいえその頃は、一般の起業家のようなビジネス上の野心は、ほとんどありませんでした。うまく説明できないけど、心焦がれる農業にチャレンジしてみたい。その先に待っている〝成功〟は、世の多くの人にとっての成功とは何かが違う。そんな気持ちでした。当時大きな影響を受けた『地球交響曲第三番』という映画の中で、写真家・星野道夫が使っていた〝Personal Definition of Success（個人的な人生の成否）〟という言葉に強く惹かれました。

たとえば、ビルと奥さんのナンシーほどシンプルな暮らしをしている老夫婦をぼくは知らない。結婚をしたら水道のある生活がしたいね、という会話が今でも普通に聞かれるこの町でも、七十を過ぎて水道のない暮らしをしているのはビルたちぐらいのものだろう。どこからくんでくるのか、キッチンには小さな水のタンクが大事そうに置かれている。わずか十五畳ほどの家の中を見渡しても、人間はこれだけ何も持たなくてもよいのだ、とビルの暮らしは語りかけてくる。言いかえれば、人生を生きてゆく身の軽さである。そう、誰かがパーソナル・ディフィニッション・オブ・サクセスという言葉を使っていた。きわめて個人的な、社会の尺度からは最も離れたところにある人生の成否、その存在をビルはぼくたちにそっと教えてくれているのかもしれない。

星野道夫『旅をする木』（文春文庫）より

具体的な事業計画はなく、栽培技術も皆無。まともに考えたら、農業など始められるわけがありません。

最近、スタッフに聞かれたことがあります。

「今の久松さんが当時の久松さんに会ったら、どう思いますか?」

もし当時の僕が今の僕に弟子入りを志願してきたら、門前払いです。口ばかり達者で、行動が何もない。「お前さんには無理だから、あきらめなさい」と言うと思います。

では、あきらめろと言われた自分はどうしたか? まったく聞く耳を持たなかったでしょう。スイッチが入ってしまった時の僕は、多くの人を敵に回してもやめない頑固さがあります。反対されればされるほど意地になって進んでしまうかもしれません。何かに取り憑かれると、時に破滅的な行動すら取ってしまう。この頃は特にそうでした。いい悪いではなく、そういう性質なのです。ああでもない、こうでもないと考えますが、最後の推進力は、体の中から沸き上がる、理由のない情熱です。

冷静に思い返すと、当時の羨望の対象はただの「田舎暮らし」です。環境への問題意識、現代文明への疑問、都会への嫌悪、シンプルな生き方志向、学歴が通用しないフェアな世界への憧れ。そういう霧のようなモヤっとした憧れに「実体」を与えてくれたのが有機農業でした。その意味では、農業はいわば言い訳です。ただ「田舎暮らしがしたい」では通りが悪いけど、農業という大きなテーマを説けば周りも納得するだろう。無意識にそんな計算もあったかもしれません。曖昧な夢や現実認識の甘さを理論武装する手段として農業を使った、という言い方もできると思います。もやっとしたことはもやっとしたまま主張すればいいのですが、当時の僕はそういう強さがなかったし、語る言葉も持っていませんでした。

野田知佑の『新・放浪記』（本の雑誌社）に、若き日の著者がガールフレンドの家族に会いに行くシーンがあります。フラフラしている若者に、家族は冷たい視線を浴びせるばかり。「特技」を聞かれて「今なら、魚の手摑みと無銭旅行と胸を張って答えるのだが、その頃のぼくは純情だったから、一生懸命に考えた後で、何もありません、と答えた」と、振り返ります。

僕の場合は「何もありません」と答える勇気を持てず、その時の自分の知識や言葉で語れる範囲で無理やり農業という型をつくって、周りを説得しようとしたのだと思います。自分の言葉に溺れ、本来の夢が何だったのか分からなくなっていたのかもしれません。

そんな風にして、自分の素直な願望ときちんと向き合わないまま、就農への気持ちだけが加速していきました。

目先のカネで道を曲げるな

研修先の農業法人と出会ったのは、1998年2月に行われた、茨城県主催による農業法人の合同説明会です。僕は茨城出身ですが、茨城の農業にそれほどいいイメージは持っていませんでしたし、農業をやることを親に反対されていたこともあり、地元での就農は考えていませんでした。たまたま県の担当者が「話だけでもどうぞ」と案内をくれたので、これも何かの縁だろう、と大阪から出かけていきました。

会場では、新規就農の事例が紹介された後、求人ブースを出していた農業法人と面談が行われました。ほとんど興味を惹かれませんでしたが、その中の一社にふと目が止まりました。既に都会から移住した非農家の若い人が数人、従業員として働いていて、「農家っぽくない」のが印象的でした。その場を取り仕切っているのも、30歳の若い新規就農希望者。仕事ができるのが一目で分かる感じの人でした。

彼は僕に、「都会で『負けて』農業に逃げるのではない人が欲しいんだ。君はウチに向いている」と言ってくれました。農家独特の湿っぽさがないところに、僕も好感を持ちました。また、この農業法人は有機農産物の生産だけでなく、仕入や販売も一貫してやっていました。販売先も、大きな流通グループから、個人消費者まで幅広くやっているという点が勉強になると思いました。農作業だけでなく、業務的な面でも仕事をしてもらいたいと言われたこともあり、サラリーマンの経験も生きるし、ここでならできるかもしれない、と道が開けた気がしました。

正直に言えば、研修させてもらう身でありながら、月18万円の給料をもらえる、というのも魅力的でした。理由は二つありました。ひとつは、貯金が少なかったので、研修中に食いつぶしてしまっては自分の農業が始められない、という積極的な理由。もうひとつは、給料をもらえることで、たとえ研修が実にならなくても、時間の無駄にならないのではないか、という消極的な理由です。今思うと、全く覚悟ができてない。

お金は一番の不安のタネなので、もらえるに越したことはありません。しかし、先にやりたいことがあって、そこに向かって「自分への投資」を行うのが本来の農業研修です。とりあえず目先の金が回れば損にはならない、というのは、サラリーマン的発想そのものです。

就農とお金の問題で付け加えると、平成24年度から「青年就農給付金」という助成制度ができました。就農希望者に年間150万円の助成金を支給する制度です。この制度ができてからというもの、多くの新規就農希望者が「助成金がもらえる範囲内」で就農計画を組み立てるようになってしまいました。もちろん、もらえるものはもらった方がいいのですが、そのために就農の場所や方法が制約を受けるのでは、本末転倒です。夢のために助成金があるのであって、助成金のための夢ではない。年150万程度の「はした金」で大きな目標が歪むことのないよう気をつけてもらいたいというのが、就農時にお金でぐらついた経験のある僕からのアドバイスです。

さて、その農業法人に何回か足を運び、仕事を体験させてもらいながら、社長や従業員の方とも話をしました。当時の僕は、この段階になっても「どんなものを栽培したいか」や「どんな経営をしたいか」という具体的なビジョンがまるでありませんでした。農業のことは何一つ知らないくせに、環境、食べ物、生き方のような抽象的なことばかりを語り、社会への不満を募らせる頭でっかちの若造です。見かねて、「いい会社に入っているのにもったいない。よく考えた方がいいよ」と言ってくれる従業員の人もいました。それは一方で額面通りの心配であり、他方では「お前なんか、現場では役に立たないよ」という拒絶だったのだろうと思います。

そう言われても、僕自身は「やりたいものが具体的に何かなんて今は分からない。とにかく始めたいんだ」「農業は、世界を救う大切な仕事なんだ。俺がやらねば誰がやる？」と肩に力の入った考えに凝り固まっていて、聞く耳を持ちませんでした。

そんな風に火がついてしまった僕の姿は、最も身近なところで見ていた妻には、どのように映っていたのでしょうか。同じように環境問題や食べ物への関心をもつ彼女には、農業に興味をもちはじめた頃から毎日のように話をしていましたし、時には農業体験に一緒に行ったりもしました。ただし、お金のことも含めた「現実」から目を逸らして有機農業にのめり込んでいく僕のことは少し心配だったろうと思います。それでも彼女は、そんな僕に何も言いませんでした。やさしく見守ってくれたというよりも、言っても聞かないので、あきらめていたのでしょう。2年くらいかけていろいろ準備を進め、いよいよ会社を辞めようかという頃、一度だけはっきり「もう着いていけない」と言われたことがあります。僕はその時初めて、「そうか、この人が反対したらできないんだ」と気づきました。ひどい話です。

妻はもともと別に仕事を持っていて、僕が農業を始めてからもその仕事を続けています。就農準備中は、一緒に農業ができたら、と考えていた時期もありましたが、早い段階で、別々の共働きで行くことを決めました。彼女は僕が独立してからほどなく、「このままでは先がない」と一念発起し、大学院で学び直してキャリアアップに成功しました。今でもバリバリ仕事を続けています。

あの時、強引に説得して茨城に連れてきてしまいましたが、今はどう思っているのでしょうか。いつか機会があったら聞いてみたいと思います。

社会人であるということ

さて、周囲の反対の声には耳をふさぎ、なかば無理やり研修を始めることを決めたのが98年の6月。帝人に入社してわずか4年2ヵ月の時です。欧州出張から戻った直後、上司を会議室に誘って、思いを伝えました。黙って話を聞いていた上司は、天井を向いてしばし沈黙した後、こう言いました。

「俺はお前が会社に入ってきた時から、一生この会社にいる人間ではないと思っていたし、お前自身にもそう話してきた。だから、辞めること自体は驚かない。が、思っていたよりちょっと早かったのと、進む方向が突拍子もなくて面食らっている」

海外の仕事が好きなので、商社への転職のようなキャリアアップを狙っているのだろうと思っていたそうです。それでも、「よくよく考えてのことなら、応援する」と一切慰留せず、その後の調整や周囲への説明にずいぶん心を砕いて下さいました。その頃は自分のことで手一杯で、きちんとお礼を言えませんでしたが、ずっと感謝し続けています。その後、何人もの人から、「お前を手塩にかけて育ててきた上司の気持ちを少しは察したらどうだ」と叱られましたが。

そんな周囲の協力もあって、一日でも早く辞めたい、というわがままを（無理やり？）受け入れてもらい、4ヵ月後の10月末に退社することになりました。

周りの反応は様々でした。年配の方は「何で農業なのかよく分からない」という意見が大半。地方出身の方には、実家や親戚が農家という人も少なくありません。農業のつらさを間近で見て、ある意味ではそこから抜け出そうと都会に出てきた人たちです。その人たちから見れば、親に大学まで出してもらった人間が農業に憧れるというのは理解もできなければ、認めたくもなかったでしょう。「自分だったら、死んでも嫌だ」という人もいました。その時の僕は、農業が時代の先端だと信じていたので、気にも留めませんでしたが、息子のような年齢の若者が、自分の会社を否定して出て行くのを見るのは少しつらかったかもしれない、と今では思います。

年の近い友人たちの反応は二つに分かれていました。僕をよく知っている人間は、いつかはそっちの道に行くと思った、と口を揃えました。本当にやるとは思わなかった、という人もいましたが、一生会社にいるタイプじゃないよね、という意見が大半でした。

一方で、会社の花形部門にいるような人たちは、賛成はしてくれませんでした。大きい会社で未来が約束されているのに、なぜそんな無謀な道を歩むのか？「お前は英語もできて、出世が見込めるのにもったいない」という意見には驚きました。こいつらは28歳で、もう会社にしがみついて生きていくつもりなのか、と。

その頃の僕は、全力で打ち込める何かを探していました。逆に言えば、会社の仕事は、人生を賭けるに値しないと感じていたということ。自分の人生はまだ始まってすらいない、という意識でした。それに対して、5年目で既に、会社の中でいかに上手いことやっていくかを考えている人もいるのか、というショックがありました。

後から思えば、彼らの方が僕よりよほど働く覚悟ができている「正しい社会人」だと思います。彼らの目には、僕は、青臭い夢追い人に映ったに違いありません。そういう周りの反応を受けて、自分はやはりメインストリームの人たちとは考え方が違う、亜流の人間なんだな、と思いました。

嬉しかったのは、近しい人以外にも気にかけてもらえたことです。取引先のフランスの会社のエンジニアの方から、「あなたの挑戦は〝courageux〟(勇気のある行動)だ」という感想をもらったり、何年も前に隣の課の課長だった方が、赴任先の海外から「これから鍛えてやろうと思っていたのに」とわざわざ電話をくれました。大きな会社にいると、歯車の一つとして埋没している感覚がどうしても強くなります。自分一人が頑張ったから、たちまち会社が良くなるわけがない。逆に手を抜いたって、急に業績が悪くなるわけはない。でも、実際にはたかだか5年目の新人のことを、たくさんの人が気にかけ、どういう人材に育てようか一生懸命考えてくれているのです。これは嬉しいと同時に、身の引き締まる思いでした。

大きな組織で働く一番の面白さは、一人ではできない大きな仕事ができることです。人脈をつくり、実力をつけ、いい風が吹いてきたときに「やらせて下さい!」と手を上げる。爪を研ぎ、機が熟すのをじっと待って、一気に仕掛ける。組織は、そのために用意されたステージです。サラリーマンを5年しかやらなかった自分も、今そういう人を見ると素直に素敵だな、と思えます。では、自分にそういう生き方ができたかと思い返すと、とても無理です。そんなに待てない。28歳の自分は、会社を否定することでしか次へ進めなかった。でも、それは会社が嫌いだからではなく、自分はその舞台を生かせる時まで待てなかったんだ、という風に今は総括しています。

会社を去るとき、お世話になった人全員に宛てて、次のようなメッセージを伝えました。

「僕は4年半で帝人を辞めてしまうので、会社から見れば投資回収はできていないと思います。それでも、教えていただいたことを生かして次の仕事を成功させ、社会に還元していくことこそが皆さんへの恩返しだと信じています」

勝手な言い分ですが、今でもそう思っています。人間ができていないので、人を雇う側になった現在も退職するスタッフに対して「お前、教わるだけ教わって持ち逃げか！」と思ってしまうこともあります。でも、もっと大きなスケールで見れば、みんなが学んだことを咀嚼し、一度自分の体を通してから、違う場で、違う形で次の人に渡す。そういうリレーが続くからこそ、世界は少しずつ豊かになっていくのだと思います。それが、僕が短い会社員生活で学んだことのエッセンスです。

何の不安もなく会社を辞められたわけではありません。土壇場で踏ん切りがつかない自分に、最後の一押しをしてくれたのが、大学の恩師である経済学者の細田衛士《えいじ》先生です。

いい時も悪い時もある

大学のゼミでは先生から多くのことを学びました。先生の指導がなければ、文章を書くことなどなかったかもしれません。入ゼミ試験の成績も悪く、態度も悪い僕を、多くの先輩の反対を押し切ってゼミに入れて下さったのも先生です。「ゼミが小さくまとまってしまわないように、変なヤツを一人ぐらい入れといた方がいいんだ」というのが、その理由です。後になって「お前は変なヤツとして大当たりだった！」と言われました。褒め言葉だと受け取っています。

卒業後も、大きな迷いがあると、先生に会いに行きました。農業を始めるときも、ご多忙な中、無理やり時間をつくってもらいました。しばらくの雑談の後、先生が切り出しました。

「で、今日は？　何か話があるんでしょ」

「はい。実は先生に聞いていただきたいことがありまして……」

「ふーん。いいんじゃない。サンセー」

「いや、まだ何も言ってませんけど」

戸惑う僕に、先生は真顔で言いました。

「だって、お前もう決めてきてるんだろ」

背中を押してもらいたくて来ているのがバレバレでした。農業への思いを一通り聞いてくださっての、先生の反応はこのようなものでした。

「ふーん農業ねぇ。お前『夏子の酒』読んだ？」

「いえ、まだです」

「あれは読んだ方がいいね」

具体的にいただいたアドバイスはそれだけです。もちろん、『夏子の酒』（尾瀬あきら、講談社漫画文庫）はその後すぐに全巻読破しました。今でも好きな作品です。

この時、先生に「学生の頃からずっと研究の道を進むことに迷いはなかったんですか？」という質問もしました。

「もちろん迷いはあるよ。学者と言ったって、院にいた頃と、講師時代、助教授時代と、それぞれモチベーションは全然違う。同じ『研究者』だって中身は変わっていくものだ。

仕事でもプライベートでも、順風ばかりじゃない。いい時も悪い時も必ずある。でも、どんな時でも必ず見てくれている人がいる。そんな人は、悪い時に手を差し伸べてはくれない。どん底から這い上がった時に、はじめて声をかけてくれる。だから、うまく行かない時でも、決してあきらめてはいけない」

その時は、いわば字面で聞いただけでした。でも今は、心から実感し、理解しています。これから何かを始めようとしている人、うまくいかなくて苦しんでいる人に、具体的にしてあげられることはほとんどありません。「努力は必ず報われるよ」という嘘ならいくらでも言えますが、そんなのは空しいものです。

でも、経験から確実に言ってあげられるのは、「いい時も悪い時もある」ということ。あきらめないで続けてみたら、という声をかけてあげることはできます。

何かを始めようと思っているのに、背中を押してくれる人がいない人に、励みになる話をひとつご紹介します。ＮＰＯ法人フローレンスの駒崎弘樹代表がブログで書いていた話です。米デューク大学のCathy Davidsonの研究によると「２０１１年度にアメリカの小学校に入学した児童の65％は、大学卒業時には現時点では存在していない職に就く」のだそうです。確かに20年前にスマホのアプリの開発の仕事はなかったし、クラウドファンディングの仕事もありませんでした。だから、もしあなたが新しいことを始めようとした時、親や教師が反対したとしても、聞き入れる必要はないのです。こう反論して下さい。「あなたが勧める『安定した仕事』は20年前にはなかったし、20年後には消滅しているかもしれない」と。

「役立たず」への転落

退職するとすぐに茨城の実家に引っ越し、家を探しました。家賃の安い物件を探しましたが、そうそう甘くはありません。ちなみに脱サラは、退社の翌年が一番財政的に厳しくなります。ほとんどの場合でサラリーマン時代よりも収入が減る一方で、税金や社会保険料は前年度の所得に対してかかるからです。大企業のサラリーマンのフリンジベネフィット（賃金以外の経済的利益）の大きさを痛感しました。息をしているだけでも出ていくお金の重さは、サラリーマン時代には意識していなかったことでした。

それでも、妻が職員として勤めることになった大学と、僕の研修先の農業法人の中間地点に借りることのできた木造の一軒家は、小さいながらも落ち着く家でした。親切な大家さんとご近所にも恵まれ、中古の軽トラも購入し、いよいよ農業研修がスタートしました。

研修先の人とは皆すでに顔見知りで、入社といっても、挨拶もそこそこに仕事はスタートしました。畑と倉庫をぐるっと案内してもらった後、初めて与えられたのは、パレットに積まれた30箱ほどのかぼちゃを、フォークリフトで坂の下に運ぶ仕事でした。

「すみません。フォークリフトは運転したことなくて……」

「え……？」

農家にしてみれば、農業志望者がフォークリフトに乗ったことがないというのは、まるでIT企業に入社してきた新人が、マウスに触ったことがないというようなもの。社長は困惑の表情を浮かべた後、しかたなく、就農フェアで僕を誘ってくれたあの先輩に、操作方法の伝授を指示しました。

ひととおり教わって、まずはチャレンジです。フォークリフトの爪をパレットに入れ、軽く持ち上げ、坂にさしかかったところで、フォークリフトが転倒しそうに思えて思わず急ブレーキを踏みました。その瞬間、バランスが崩れ、かぼちゃの箱が全部ひっくり返りました。30度くらい斜度がある坂を跳ねながら転がり落ちていく100個以上のかぼちゃ。慌てて坂を下りていってみると、ほとんどが粉々に砕けていました。

しばらくその場で呆然としましたが、トボトボと事務所に報告に。たばこの煙を長く吐き出した社長が、ニコリともせずに言った台詞は、

「これがスイカだったらクビだから」

皆に手伝ってもらって片付けをしているうちに、申し訳ない気持ちと、無念さがこみ上げてきました。これまで自分が身につけてきたことが農業の現場では全く役に立たないんだ。砕けたかぼちゃに問い詰められている思いでした。あゝ おまへはなにをして来たのだと……激しくバウンドしながら坂を転がっていくかぼちゃの姿は、今でもスローモーションで脳裏に焼き付いています。

研修先は、80年代後半から90年代前半にかけて盛り上がったいわゆる第二次有機農業ブームの時に、有機農業に参入した農家でした。僕が入ったのは、法人化されてまだ数年の頃。市場では、徐々に有機農産物が認知され、安定供給とトレーサビリティーの担保が求められていました。研修先もその流れに乗り、主たる販売先を個人宅配や小さな自然食品店から、有機専門流通グループや大手スーパーマーケット向けの卸に移行している最中でした。自社農場の栽培面積拡大や、契約農家の増強、生産工程管理の充実が課題で、普通の「農家」から「企業」への脱皮を図っている最中でした。

移行期ではあってもまだ家業の匂いもかろうじて残っていて、しばらくはどっぷりと農作業に浸ることができました。しかし徐々に、畑は畑専門のチーム、デリバリーはデリバリー専門のチームというように分業が進んでいきました。会社員時代にイメージしていた有機農業の研修は、農家に住み込みで、日の出から日の入りまで畑で汗を流し、夜は美味しい有機野菜に舌鼓を打って酒を酌み交わす、というものでした。ところが実際にやったのは、一日の半分は、事務所で伝票を打ったり、書類をつくったり、取引先と出荷量の調整をしたりという業務仕事。分業体制が進むにつれ、気がつけば勤務時間の大半を事務室で過ごすようになっていました。もう少し農作業がしたい、と願い出るも、「畑の手は足りている」と言われるだけ。農作業の要員としては失格の烙印を押されていたのです。

確かに未経験者の僕は、畑では「お荷物」でした。鍬《くわ》を使えばへっぴり腰だと笑われ、草取りのスピードは周りに追いつけない。収穫をしても、下手だと文句を言われました。小松菜やほうれん草などの葉物類は、畑で鎌を使って収穫したものを作業場に持ち帰り、下葉を取ってキレイにして（これを調整作業と言います）フィルムの袋に入れます。採り方が下手だと、根に余分な土が付いていたり、モノが汚れたりして、調整作業がしづらくなります。調整作業中、パートのおばさんたちから「これ採ったの誰？　やりにくい！」と何時間も言われ続けるのはなかなかつらいものがあります。次こそは！　と発奮するので、少しずつは上手になりますが、センスもガッツもない自分は、どこまで行っても人並み以下の仕事しかできませんでした。

そんな状況が続くと、農場長の言葉もだんだんキツくなります。「頭いいんだからちゃんと覚えて！」と言われたりもしました。仕事ができないのはその通りなので、怒られること自体は当然です。それよりも、「自分はそもそも農業に向いていないのではないか？」という不安の方が頭をよぎりました。「向いていない」という人の意見が正しかったのだろうか？　後悔が押し寄せてきました。

「人は人中」でしか変われない

最低限の仕事はできていたつもりですが、事務仕事にも手を取られ、現場に出たり出なかったりの僕は、農場長からは使いづらく、戦力としてカウントしてもらえませんでした。事務の仕事は時間外にやるので、日中は畑に出して欲しいとお願いもしましたが、なかなか叶いません。そうこうしているうちに、業務面を仕切っていたあの先輩が辞めることになり、その引き継ぎで事務の仕事がさらに忙しくなって、わがままも言っていられなくなりました。当初思い描いていた研修からはだいぶ内容がズレてはいましたが、もちろん、割り切って考えれば業務仕事もそれはそれで勉強になるものでした。就農前は生産のことにしか目が向いていませんでしたが、有機農産物の流通全体を見られたのは、意図せぬ収穫でした。

研修先の法人は、有機農業運動ど真ん中の思想を持って取り組んでいた、というよりは、ビジネスとしての有望性に惹かれて参入した口です。その分、時代の流れを読んで、必要な手を打つ感性は優れていました。「ド」が付く田舎で、都会から若者を引っ張ってきて事業を拡大するというのも、なかなかできることではありません。また、そのことを対外的にアピールするしたたかさもありました。

人との交渉も見事でした。取引先との駆け引きや、契約生産者の掌握術は、横で見ていてずいぶん勉強になりました。僕に対する有無を言わせない給料の引き下げ交渉も、とても上手だったことを書き添えておきます。

取引量が増えていく時に、自社の生産物ですべて賄うのは困難です。そのため契約生産者のネットワークをどう作り、どう束ねるかは規模拡大の要です。契約生産者はみな個性豊かでした。栽培が上手な人、下手な人。理念を重視する人、カネで動く人。ダンナが絵に描いたような飲んだくれで、奥さんがお金を前借りに来る人。規模も背景も様々でしたが、みな一国一城の主。作付け契約を結んでいるとはいえ、上下ではなくフラットな関係です。

市場の相場がこちらの買い取り価格よりも高いときには、不作だと嘘を言って市場に横流しする人もいます。たとえ見え見えでも、強制的に集荷できるわけではありません。逆にモノがだぶついている時には、会社側ものらりくらりと買い取り量を減らそうとします。たわいもない世間話をしながら腹を探り合う様を、僕も興味深く見ていました。

駆け引きの相手は契約生産者だけではありません。たとえば、大手ファミリーレストラン向けの加工用野菜などは、間に入っている業者が期日通りの納品をがっちり契約してしまっています。「何がなんでも明後日納品して欲しい、と泣きついてくる業者。天候不順で全く採れなかったとうそぶく契約生産者。電話口でおろおろしている僕への、社長からの指示は「とぼけろ!」。

もちろん会社員時代は、桁が4つも5つも違う取引をしていました。モノが出せない時、海外の取引先でたった一人でつるし上げられるというエグい経験もしました。それでもしょせんはサラリーマン仕事です。生活がかかっている農業の現場の交渉は、それとは比較にならないくらい迫力に満ちていました。

とはいえ海千山千の農家との交渉は、夢を追いかける「ピュアな若者」には難しいミッションでした。社長には頭を下げる人も、僕では取りあってもらえません。畑まで出向いても、目も合わせてもらえないこともしばしば。ある時、事務所でそのことを愚痴っていたら、税理士の先生が僕の手をグッとつかんで強い口調で言いました。

「こんなヤワな手の男の話を、農家は聞くわけがないんだよ！」

自分の交渉力だと思っていたものの大部分が、会社の看板だったことを思い知らされました。

野菜の生産そのものにもたくさんの発見がありました。上述の加工用の人参などは、カットする機械に合わせて、重量、直径などの規格が厳しく定められています。量が捌ける加工用を狙って栽培をし、それ以外のサイズのものは、他の売り先に回す。それでも余ったときには、「有機」としてではなく普通の人参として市場に出荷する。僕にとっては「理念」だった有機は、現場では「規格」なんだ。畑というのは工場なんだ。野菜づくりに牧歌的なイメージを抱いていた僕には大きな驚きでした。同時に、ビジネスとして大きくするにはこういう方向も有望だが、新規参入者がこの人たちに勝てるわけがない、という思いを強くしました。

サラリーマン時代に有機農産物の宅配サービスを利用しつつ、自分も野菜を作る側に回るぞ、と意気込んでいた頃は、「素晴らしき有機農業の世界」に勝手なイメージを膨らませていました。しかし、いざ供給する側に身を置くと、予想とは違っていました。がっかりすることもありましたが、生々しい経験を重ねる中で、次第に鍛えられていきました。

始めるまでは、有機以外の農業には全く興味がありませんでした。それどころか、「慣行農業なんて古くさいダメな農業」とすら考えていました。しかし、農産物市場全体の中での有機農業の位置付け、生産者の考え方や技術レベル、流通がどう動いているかなどを目の当たりにして、全体の構造が少しずつ見えてきました。

外からは、自動で動く大きな生産流通システムに見えても、現場を動かしているのは生身の人間です。頭でっかちに考えがちな自分を現実に引き戻してくれたこの頃の体験がなければ、今の自分はなかったと断言できます。研修先を探していた頃お世話になった高知県の有機農業者、小田々豊さんに教えていただいた言葉が印象に残っています。

「人は人中、地は地中（ひとはひとなか、じはじなか）」

人も畑も、端っこの方よりも、真ん中の方で揉まれている方がいい、という意味です。誰でもつらいのは嫌です。「人中」に入っていくのを避け、無難で心地いい道を選んでしまいがち。

しかし、物事は思い通りにはいきません。そして、僕の経験では、思い通りにいかない時の方が、その後の人生の展開がダイナミックです。

思い返せば大学進学でも、思ってもみなかった学部に進みました。会社に入った時も行きたかった部署に行けず、しかも勤務地はまったく想定していない場所でした。最初はショックですが、いざそれを受け入れると、閉じていた心の扉が開き、新しい道が見えてきます。しばらく経って振り返ると、実は初めから道は真っ直ぐにそこに向かっていたのではないかとすら思います。勇気を持って何かを選択し、想定を裏切られる。そこで初めて、気づかなかった方向に道があることに気づく。それを繰り返すことで、人は成長していくのではないかと思います。

2度目の退職

研修先には、入れ替わり立ち替わり、様々な人が働いていました。ずっと地元しか知らない田舎のおっちゃんもいれば、インド帰りのヒッピー系もいました。いろいろな人がごちゃごちゃにいる感じは、なかなか心地いいものでした。

「この前、カナブンが飛んできて、胸にピタッと留まったんだけど、あれはなんですかね？」

「ああ、それは前世からのソウルメイトだね」

といった、明らかに一線を越えている会話が真顔で交わされ、それに何の反応も示さないおっちゃんたち。この状況の面白さを分かるのは僕だけだ！　と、一人で悶えていました。

有機農業の入り口の一つに、１９８０年代後半から90年代にかけてリバイバルを見せたヒッピームーブメントがあります。僕が研修をしていた地域には、その流れに位置する人たちがいました。彼らは、既成の価値観にとらわれない生き方、環境と共存する生き方を強く志向し、原理主義的な有機農業を実践していましたが、その一方で自分たちの思想のマガマガしさを笑い飛ばすバランス感覚や、あの手この手で生活を成り立たせるたくましさもありました。どんなに崇高な理念を掲げていても、地に足がついていなければ、時の試練に耐えられません。そもそも商売というのは、相手の立場と関係性を大事にする作業でもあります。

その後もいろいろな有機農業者と出会いましたが、「思い」が強すぎる人は、人物としては素敵でも、取引先や同業者からは危なっかしく見えます。信用の基盤が脆いと、どんなに頑張っても趣味の範疇を抜け出ることができません。それとは対照的に、研修中に出会った有機農家の先輩たちは、栽培や商売のやり方に留まらず、フリーとして生きていくためのしたたかさやしなやかさを持っていました。

事務仕事が中心になってしばらくは、少しでも畑に出られるよう、頑張って仕事を切り上げる努力をしていましたが、徐々にマンネリ化してしまいました。栽培の勉強が思うようにできないフラストレーションから、貪欲に吸収したいというモチベーションが細っていきました。その頃、趣味と勉強を兼ねて、親戚の畑を10ａ（アール：1ａは100㎡）ほど借りて開墾しながら自分の野菜づくりを始めていました。たったその程度のことが、心の支えだったのです。

少し補足すると、親戚とは母方の実家。当時住んでいたところから車で40分ほどの場所です。その時は既に亡くなっていましたが、祖父母は小さな農家でした。子供の頃は、お盆やお正月に遊びにいきました。軽トラックで畑に連れて行ってもらったのを覚えています。中学から高校までの6年間は近くに住んでいたので、たまに訪れていましたが、農業の話をした記憶はありません。亡くなった祖父母の畑は、母と親戚が相続していました。まとまった田畑は他の人に貸していましたが、借り手のない小さな畑は、耕作放棄されていました。まずその中の一枚、一反歩（300坪）弱を借りて、趣味的にいろいろ育て始めたのです。

研修先であまり実践的なことを学べていなかったので、野菜づくりは全くの素人です。その頃はいわゆる自然農法に傾倒していて、農薬や化成肥料を使わないのはもちろん、有機肥料すらも使いたくない。できるだけ耕したくもない、と考えていました。

当時の畑がどんな様子だったのかはもはや覚えていないのですが、小松菜、ズッキーニ、なす、きゅうりなどは少し採れたように記憶しています。大根やにんじんはさっぱりでした。基本ができていない上に、偏った考えでやっていたので、ただタネを蒔いて眺めているだけの、遊びみたいなものです。それでもいろいろ試せるのが楽しくて、休みの日はもちろん、夏は片道40分かけて出勤前の早朝や、仕事帰りにせっせと足を運んでいました。

研修先での仕事も、初めの頃は何でも新鮮だったのに、休日に行く自分の小さな畑の方が楽しみになり、いつの間にか、やることをやっていればいいや、というところまで気持ちが後退してしまいました。そんなある日、ふと、就農準備をしていた時の島根の先輩の言葉がよみがえりました。

「20代で土日が楽しみになったら、人間おしまいだ」

僕はいったい何をやっているんだろう。人にさんざん迷惑をかけてまで始めた農業研修が、ただのやっつけになったらもう終わりだ。それなら都会でサラリーマンをやっていればよかったじゃないか。自分がすっかり嫌になりました。

こんな状態で研修を続けていてもダメだ、と考えていると、それが周りにも伝わってしまいます。他のスタッフが僕の悪口を言っている場に出くわしたこともありました。中途半端な気持ちで研修を続けるくらいなら、いっそのことやめてしまおう、と思う一方、まだ何も学んでいないのに、という思いもこみ上げます。しばらく悩みましたが、ちょうど1年が過ぎようという頃、退職することを決めました。

やる気のなさも災いして、栽培に関しては、結局大したことを学ぶことができない研修でした。タネを蒔いたのは1回。トラクターに乗せてもらったのも1回。道具や資材の種類は何となく理解しましたが、スキルとしては初心者のままでの研修終了でした。

「仕事は向き不向きがあるからな」

独立することを報告した時、社長からはこう言われました。お前は農家には向いていないぞ、という意味です。その時は「早く次へ行きたい」という気持ちが強く、あまり気に留めませんでしたが、後から思えば、師匠に応援してもらえないようなスタートは、とうてい幸せとはいえません。能力の問題以上に、研修や農業に対する姿勢の甘さが露呈していたのでしょう。

独立後も社長にはいろいろとお世話になりましたが、結局、笑顔でいつでも立ち寄れるという関係にはなりませんでした。研修先と良好な関係がつくれないような人間に、どうして商売などできるでしょうか。この時の反省を踏まえて、これから会社を辞めようという人には、円満退社を強く勧めています。僕自身も、せめてこれからの人生は、素直さと他人への感謝の気持ちを忘れないようにしたいと思っています。

簡単に平伏《ひれふ》した あの日の誓い

思い出して歯痒くて 思わず叫ぶ
後悔の歌 甘えていた 鏡の中の男に今
復讐を誓う

Mr.Children「優しい歌」

そんなかっこ悪い研修の終わり方でも、独立できたことの喜びは大きいものでした。1999年11月1日。研修が終了した次の日、家の2階の日だまりの中、畳に大の字に寝転がって、「ああ、俺は自由だ」としみじみ思いました。研修は不本意なものだったし、先行きも不透明でしたが、ようやく始まるんだ、という充実感がありました。起業と呼ぶにはあまりにも呑気な独立の瞬間でした。

第二章
新人農家「農家に向いていない」ことを思い知る

「なんとなく農業」のはじまり

独立といっても、決意に満ちた飛躍というより、なし崩しのようなスタートでした。就農する場所も、最初は茨城以外で探していたにもかかわらず、結局は親戚にやっかいになる形で始めることになりました。研修中から借りていた土地の周りに畑を借り足し、飛び飛びですが全部で40ａほどの面積を確保できました。といっても、荒れた耕作放棄地ばかり。ひどいところは、野生化した芝に覆われて雑草も生えない状態でした。手回しでエンジンをかける旧式のディーゼル耕耘《こううん》機での開墾にひと冬かかりました。

そんな経験があるからでしょうか、翌年買ったクボタの22馬力のトラクター、Ｌ２２０１を最初に使ったときの感動は未だに忘れられません。畑が一気に狭く感じました。ちなみに、そこから10年間、１・７ha（ヘクタール：１haは１００００㎡）の面積になるまで、耕耘作業は20万円で買ったこのオンボロトラクターと１５０㎝幅のロータリーでやりました。

開墾が終わり、ようやく畑らしくなったところに、いろいろなものを少しずつ蒔いていきました。最初の冬にできたのは小松菜やアブラナなどの葉っぱものくらい。キャベツも白菜も結球しませんでした。翌年も、教科書を片手に、どんなものにも挑戦しましたが、できたのはせいぜい全体の２〜３割。それでも、そもそも確たる方針がなくてやっているので、できないことには反省せず、できたものだけを喜ぶのみ。ほとんど失敗した、とは全く思わず、意外にできたな、くらいの感覚でした。今の自分だったら、あまりのひどい結果に嫌気がさして続けられなかったでしょう。いやはや無知とは恐ろしいものです。

この頃の失敗談は星の数ほどあるのですが、キリがないのでまた別の機会に。

この時期は、まだ思想性を引きずり、不耕起（農地を耕さないで栽培する手法）を試したり、プラスチック資材を使うのをためらったり、と、趣味の領域をうろうろしていました。救いだったのは、それでもできた野菜は美味しかったことです。人づてで少しずつ増やしていったお客さんも、みな美味しいと言ってくれました。野菜の味が何で決まるのか、この時は分かっていなかったのですが、有機で旬の時期に育てれば美味しくできるんだということは経験的に確かめられました。でも、その頃はまだ「肥料はやり過ぎるのは良くない」とか「耕しすぎると土の微生物に良くない」などといったレベルで、なんとなく農業をしていました。

ちなみに肥料は、その頃から一貫して米ぬかを使っています。当時のバイブル『有機農業ハンドブック』（日本有機農業研究会編）で、茨城県笠間市の先輩農家、丹直恒さんのやり方を読んで、そっくりマネしました。たまたま僕のいる地域では米ぬかが手に入りやすかったので、そのまま米ぬか中心で栽培を組み立てるようになりました。「地域の資源を生かすため」と大義名分を掲げていましたが、実際のところは、それが簡単だったからなんとなく、という理由です。肥料という栽培の基本がなんとなく決まっているあたりに、現状追認型の性格がよく表れています。

左四つ、壁に当たる

思えば子供の頃から、口が達者で頭でっかちな子でした。「また屁理屈こねて！」と親から何度言われたことか。いろいろな現象を分析したり、背後に流れる論理を考えたりするのが、生まれつき好きなのだと思います。大学のスポーツサークルでは先輩から「理論先行型」とからかわれていました。どんなことでも左脳から入る姿勢という意味で、相撲になぞらえて「左四つ」だと自分で言っていました。中高生の頃はその屁理屈が、若さから来る「上」への反発心とあいまって、親や教師に対する激しい言葉にもなりました。甘えや欲求不満から不良になる少年と何ら変わりはありません。ブルーハーツの「少年の詩」という歌を社会人になってから聴いて、あぁ、これを中学生で聴かなくてよかった、と思ってゾッとしました。そっち方向に行ってしまう素質は十分にあるからです。

誰の事も恨んじゃいないよ
ただ大人たちにほめられるような　バカにはなりたくない

大学生の頃、70年安保闘争についての本を読んで、その時代に生まれていたら間違いなくハマっていただろうなぁ、と思いました。小難しい理屈をこねて、何かを攻撃するのは自分にぴったりだからです。

社会人になってからも、職場では周りと衝突しました。若い頃は「考えを相手に上手に伝えよう」という思考回路はなく、「正しいこと」が勝つ、と信じていました。「屁理屈が多い」という批判には、「俺の物言いが嫌いなのは分かるけど、内容そのものについてはどう思うんだよ！」とイライラしました。

政治的な立場としても、少し左寄りの思想を持っていました。『週刊金曜日』は愛読誌。社会人になってからは、市民運動にも関わりました。ちょっとだけですが、社民党の選挙の手伝いをしたこともありました。なかでも面白かったのは、長良川の河口堰反対運動。巨大ダムという利権の巣窟を何とかしようという人たちが運動を引っ張っていたのですが、活動家だけでなく、カヌーイストや釣り人などが多く参加して、運動に厚みを与えていました。関わっている人たちが魅力的だったのです。彼らに導かれて郡上八幡などに通ううちに、民俗学や文化人類学にも興味を持つようになりました。民族文化映像研究所の姫田忠義さんの仕事にずいぶん影響を受けました。

ただ、生来の飽きっぽさと、ひとつのことにのめり込んでゆくことへの躊躇から、どれも長くは続きませんでした。もともと、物にも人にも惚れ込みやすいが、すぐ冷める方です。

そんな僕が「満を持して」惚れ込んだのが有機農業。今思えば、それは、サラリーマンとして生きることを受け入れられない幼さであり、終わりなき日常からの逃避です。反対する人も多かったので、自分を正当化するために屁理屈の限りを尽くして理論武装しました。就農準備中はそんなことばかり考えていたので、実体験はかじる程度。研修中も、途中から農作業に関わる機会が減ってしまったので、十分なスキルを身につけないままの独立でした。

実際に畑で作業をしてみて思ったのは、なんて地味で面倒な仕事なんだろうということです。「除草剤は人にも自然にも良くない物だ」などと偉そうに語っていたのに、草取りがこんなに大変だとは。鎌の使い方もろくに知らない自分には、たった一本の畝《うね》の通路の草を取るのに、無限の時間がかかるように思えました。「左四つ」で農業について何年も考えてきたのに、現場で手を汚す、という視点がすっぽり抜け落ちていました。

これはイメージ先行で農業を始めると陥りやすい罠です。「日本の自給率を上げたい!」というような大上段の崇高なモチベーションだけでは、日々の地味な作業は続きません。同じこ

とを淡々とやり抜く力や、最低限のスキルが必要です。そういう力は、いい学校に行って、いい会社に入って、という進路を進んできた都市生活者にはなかなか身につくものではありません。現場仕事に役に立たないキャリアなのです。

新聞社の門を叩いた学生が、どんなにジャーナリズムを熱く語ったとしても、文章を書いたことも、キーボードを打ったこともない、では通用しません。農業をやりたいのに、基本的な体力がない、とか、機械操作のイロハも知らない、というのは、それと同じ事です。

「有機」との2度目の出会い

僕は農学部で学んだこともなく、学問的なバックグラウンドが全くないままに就農しました。始めてみてから、農業って理系の技術職なんだな、と気づいたくらいです。ちゃんとした栽培理論を学ばないと、いつまで経っても「なんとなく農業」から抜け出せないと思っていた矢先に、勉強会の話が持ち上がりました。参加していた茨城県の若い農業者のグループ「ニューファーマーズ」で講演をしていただいた土壌肥料学の第一人者、岩田進午先生に、定期的に来ていただけることになったのです。毎回、若い農業者が10人から20人で集まり、2時間から3時間、じっくり講義をして下さいました。テーマは「日本の農地をめぐる現状」「有機物のはたらき」「根をめぐって」「土壌の改善基準」「有機質肥料をどう使うか?」「種の多様性をめぐって」などなど。どれも実用的で、かつ知的好奇心をくすぐるものばかりでした。

それまで読んでいた有機農業の本はどれも、社会的なミッションとして「有機農業は正しい」という色を帯びたものでした。対して、岩田先生は同じ内容を語っても、科学に立脚した論理的で冷静な物言いに徹していました。しかも、ご自身が関わられた多くの実証実験のお話は、リアルで、深い説得力がありました。率直な疑問もぶつけることができ、運動性の強い有機農業の話でモヤモヤしていた心が晴れる思いでした。先生のおかげで、「なんとなくいいものだろう」くらいにしか考えていなかった有機農業に理論的な根拠を持つことができました。同時に、偏狭な思想からも解放されました。「土づくりとは何なのか」「堆肥にはどういう効果があるのか」といった基本的なことをロジカルに言葉で説明できるようになり、大きな自信になりました。「僕の選択は間違っていなかった」と素直に嬉しかったですし、農業はやはり知的な仕事だという深い充実感を覚えました。すぐに結果は出ないかもしれないが、この有機農業というやり方に賭けてみよう。そんな風に思えるようになりました。

とはいえ、理屈が分かったところで、現場を回す栽培技術が身についたわけではありません。僕のいる村は、有機農家はもちろん、野菜農家自体が少なく、周りに手本がありません。仕方がないので、ツテをたどって有機農家の先輩の所に出かけていっては話を聞く、ということを繰り返していました。

我が家から山を一つ越えたところに、八郷《やさと》町（現石岡市）という農村があります。有機農業のメッカといわれるくらい、有機農家、それも新規就農者が多く入植している場所です。同世代の就農者もたくさんいて、彼らからいろいろ教えてもらいました。八郷で僕とほぼ同時期に農業を始めた友人は、「分からない事があったら、隣の畑の先輩のところに行って、1、2時間じっと眺めて、なるほどと思って自分の畑に戻る」と話していました。なんてうらやましい環境なんだろう！　心からそう思いました。それでも、山一つ隔てているとはいえ話を聞けるのはありがたい事です。問題にぶつかるたび、質問して一つクリア、を繰り返していました。

農作業の基本的なスキルは、周りの人を真似して実践するうちに自然に身についていくのだと思います。学ぶ力のある人なら、手本さえあれば、誰でも一定のところまではスキルアップできるものです。真似をする相手がいないと、たとえば教科書に「畝を立ててタネを蒔く」と書いてあっても、どんな道具で、どんな手順で畝を立てるのか分からないのです。研修中に経験できたことは何となく分かるのですが、未経験のことはさっぱり。聞いたり見たりすれば何でもないことばかりなのですが、最初のとっかかりがないのは致命的でした。周りに農家がたくさんいる地域でメキメキ上達する人を見て、小田々豊さんの「人は人中、地は地中」が頭に何度も浮かんだものです。

「向いていない」からこそ言語化する

腕のいい農業者の畑は、整然としていて美しいものです。有機農業者の中には、「雑草が生えるのは〝自然〟なことなんだ」と言ってはばからない人もいますが、そういう人の畑はたいてい美しくない。むやみに雑草を取り過ぎない良さを認めたとしても、意図的に草を生やしているのと、畑が「荒れて」いるのは雲泥の違いです。美しく管理できない人は「有機」を言い訳にしているだけなのです。僕も最初の頃はそうでした。それが言い訳であることは、薄々気づいていました。

でも、本を見ても「除草はタイミングが大事」としか書いていないので、具体的にどうすればいいのかは分からない。人に聞いても、「経験と勘」という答えしか返ってこない。その人はきちんとできているので、それ以上は何も聞けません。体で覚えるしかないなら、手本もいなければ、人から盗むセンスのない自分はどうすればいいんだ。そう思いました。

それでもしつこく聞いていくと、きっかけが見つかることがあります。

「梅雨時は草取ってもすぐ根付いちゃうよなー」

あ、なるほど。確かにそうだ。土の状態によっては、一度抜いた草がもう一回根付いてしまう。それは経験的に分かるぞ。ということは、水分があって草が枯れにくい時は、根っこごと抜いても、すぐに根付いちゃうんだな。取った草を持ち出すか、鎌で根と葉を切り離さなきゃだめなんだ。実践してみるとうまくいく。半歩前進です。

そんなことを繰り返すうちに、こう思うようになりました。農家はみんな子供の頃からたくさんの経験を積んで、勘を養って、体で覚えた膨大なノウハウがある。自分は経験もなければ、体で覚えるのも苦手だ。経験でもセンスでも遅れを取っている自分が、この先もなんとなくやっていて、できるようになるわけがない。「左四つ」の自分の武器は、言葉しかないじゃないか。面倒でも、時間がかかっても、多くの農家が無意識に体得している事を、言葉にして身につけていくしかないんだ。

それは、職人としての農家に憧れてこの世界に入った僕にとっては敗北でもあります。体で覚えてセンスを磨く、というカッコイイ職人路線をあきらめることだからです。自分にその能力がないと認めるのは、下手くそなりに勇気のいることでした。現に、地元の農家から、「何もできないくせに理屈を言うな」と露骨に嫌な顔をされたこともあります。

でも、「経験と勘」がない自分には論理と言葉しかないんだ、と開き直りました。子供の頃から「理論先行型」の僕が今さら変われるわけがないのです。追い詰められて選んだこの「センスより言語」路線は、結果的に自分に合っていました。なんとなく農業を続けていたら、そこから一年も持たなかったと思います。

教科書にある「なす通路の除草はタイミング良く」という表現は、自分なりに言葉にするとこんな感じになります。

なすは、定植してから片付けまで約5ヵ月。地面を覆う作物ではないので、通路の除草は期間中ずっと続けなくてはならない。一番早いのは管理機（小型の耕耘機）。草が10㎝くらいの高さになる前、3週間に一度くらい管理機を入れられれば逃げ切れる。ただし、畝マルチの際《きわ》の草はうまく取れないので、草取りホー（立ったまま草取りができる柄の長い除草道具）を使って草取りする必要がある。管理機と道具除草を3週間に一度やれるならそれでOK。草をそれ以上大きくしてしまうと、しゃがんで鎌で刈るしかなく、10倍以上の時間がかかる。それだけの労力がかけられないなら、敷き藁や防草シートで光を遮って、草が生えないようにしてしまう。敷き藁・防草シートのデメリットは、材料の確保や設置のコスト、作業が忙しいときに集中すること、など。状況に応じて選択する。

草取り一つに実にくどい説明です。でもここまで言葉にしておけば、いつでも誰でも再現できます。一度言語化し、トライアンドエラーを繰り返しながらスキルを獲得していくという順番が僕に合っているのです。時間はかかりますが、何から手を付けていいか分からない悩みは消えて、着実に前へ勧めるようになりました。方程式が立ってしまえば、あとは解くだけということです。

それまでは人の畑を見に行っても、自分とのあまりのギャップに落ち込むか、感心して終わるかのどちらかでした。見たもの、聞いたものを言葉で捉え直して体得していくというパターンを掴んでからは、質問も適切にできるようになり、持ち帰れるものが多くなりました。見たことや聞いたことを、自分の体を制御するプログラム言語に翻訳することが可能になったのです。精神論に陥らず、淡々と合理的に人から学べるようになりましたし、怠惰で体力がない僕が同じ成果を出すにはどんな段取りをすればいいのかも、前向きに考えられるようになりました。

センスもガッツもない人間の戦い方

農業に必要な資質はセンスとガッツだ、と僕は常々言っています。センスとは、物事の本質を見抜き、他に応用する力のこと。ガッツとは、スマートでなくても最後までやり抜く馬力のことです。

農家の多くは、少なくともそのどちらかを持っています。そして、残念ながら、僕にはそのどちらもありません。研修先の社長に言われたとおり、明確に農業に向いていない人間なのです。悔しいけれど、そのことを就農して3、4年で認めざるを得ませんでした。当時の自分が、今の久松農園に就職したいと言ってきたら、スタッフ全員一致で落とすと思います。

でも、僕は農業を続けたかった。負けず嫌いだから、向いていないのが明らかでも、やめたくはなかった。周りには、センスもガッツもあるすごい新規就農者が何人もいました。彼らからは「君は農業に向いていない」と言われました。でも僕は、向いていなくても、彼らに着いていきたかった。同じ目線で会話がしたかった。同じ道を同じ方法で走っていたら、とても追いつけない。誰から見てもどんくさい自分が彼らに負けないためには、自分なりの武器が絶対に必要だ。それが自分には言葉と論理だったのです。

あこがれを追うのは大切です。何事もそこからしか始められません。しかし、努力の方向性が間違っていると、どんなに努力しても結果は出ません。センスを磨こうとしても、ないものは磨けません。それより、センスがなくてもできるやり方を探した方が近道でした。まずは自分にセンスがないということを認め、受け入れないことには、何も始まらないのです。

強調しておきたいのは、それが悔し紛れだということです。キャリアの早い段階で、絶対にかなわない優れた仲間がいたのは、しんどかった。でも、そういう人を日常的に見ていたおかげで、逆に自分にはどんな武器があるだろうかと考えざるを得なかったのです。思った通りにできてしまっていたら、そんなことは考えなかったと思います。

本来なら、言葉に置き換えないで体で覚えられる人の方が習得は早いです。だから、今でも僕は、人と同じ条件で戦ったら負けます。不利な戦いである事は認めざるを得ません。

でも、戦う術はある。それが「弱者の兵法」と呼ばれる戦い方です。「この部分ではこの人にかなわない」と負けを認めて、初めて自分は何で勝負したらいいかに気づくことができる。しんどくても、それを続けていかないといつまでも自分の居場所が見えないのです。弱さを受け入れ、自分に合った戦い方を見つける事ができれば、向いていない人でも「たまには」勝てる。そう思っています。

有機農業3つの神話

あこがれから入った有機農業を、今の僕がどう捉えているかについて、ここで少しだけ触れておきます。有機農業とはそもそも何でしょうか？

「有機農業推進法」という法律にある定義は次の通りです。

「有機農業」とは、化学的に合成された肥料及び農薬を使用しないこと並びに遺伝子組換え技術を利用しないことを基本として、農業生産に由来する環境への負荷をできる限り低減した農業生産の方法を用いて行われる農業をいう。

冗長で、あまりグッとこない定義です。少なくとも、「すごい！　僕も有機農業やりたい！」と、子供が憧れるようなものではありません。

世間に流布する有機農業の3大要素は、安全、美味、環境にいい、です。つまり、

有機野菜は安全
有機野菜は美味しい

有機農業は環境にいい

という認識が広く支持されています。しかし僕は、これらはいずれも事実に反すると思っています。その意味で、これらを「有機農業3つの神話」と呼んでいます。

現在の農薬の使用規制は十分に安全サイドに設定されています。農産物の残留農薬が食べる人に悪さをするリスクはほとんどありません。規制がどのくらい厳しいかというと、仮に基準値ギリギリまで農薬が残留している農産物があったとして、それを一生涯に渡って毎日、国民平均の100倍の量を食べ続けても、まだ健康に影響がないというレベルなのです。そんな食べ方をすることは物理的に不可能なので、残留農薬が人の健康を害するというのは、現実にはあり得ません。つまり、実際には起こりえない厳しいレベルに基準が設定されているのです。「有機だから」安全ということは全くありません。基準を満たしている農産物はすべて、等しく安全なのです。

味についても、有機栽培だから必ず美味しいということはありません。生鮮野菜の味を決めているのは、栽培の時期（旬）、品種、鮮度の3要素が圧倒的。これに比べれば、栽培方法の違いなんて微々たるもの。この3つが満たされない限り、栽培が有機かそうでないかで野菜の味を論じることはほぼ無意味なのです。

また、環境に関しても、様々な要素が絡んでいます。有機農業という一手法が、全てのケースにおいて環境保全性が高いとは、とうていいえません。個別に科学的な議論が必要です。この「有機農業3つの神話」についての詳細は、拙著『キレイゴトぬきの農業論』をご参照下さい。

農業は「自然」ではない

有機農業運動は、1970年代初頭に社会運動として始まりました。運動を率いた有機農業の先駆者たち、いわゆる有機農業第一世代が、その後も運動をリードしました。90年代末期に有機農業の世界に足を踏み入れた僕たちは、その第一世代に惹かれてこの世界に入りました。第一世代に直接教えを受けた最後の世代ともいえます。

面識はありませんが、僕が大きく影響を受けたお一人が、東京世田谷の大平博四さん（故人）です。代々の農家で、若い頃はバリバリの近代化農業をされていた方。なにしろお父さんは、ビニールハウスを使ったきゅうりの周年栽培に初めて成功した方です。戦後の食糧増産の時期は、「旬より早い時期に、大量に野菜を生産するのがすぐれた農家」という風潮が強かったのです。堆厩肥《たいきゅうひ》を使った昔ながらの農法から、施設と化学肥料を使った農業の近代化への転換に成功しました。後進の指導にも熱心で、全国の若い農家を家に寝泊まりさせてまで技術を教えたそうです。

当時、栽培の成功は、経営の成功に直結していました。今の消費者には想像もできないでしょうが、昭和40年代まで、野菜は旬の時期にしか出回っていませんでした。栽培の時期を少しずらせば、驚くような高値がついたことは想像に難くありません。太平農園もそのやり方で成功していました。

しかし、単一作・連作の影響で作物が病弱になり、次第にいい物が採れなくなります。病気を抑えるために大量の農薬を使うようになり、過酷な労働と農薬散布で体がむしばまれていきます。お父さんが胃がんで亡くなり、ご自身も健康を損なった博四さんは、近代農業のあり方に疑問を感じ、有機農業への転換を模索していきました。その時の、博四さんのお祖母さんの言葉です。

「私たちがやっていたころの農業の方が楽で、もっとよいものがとれたがなぁ」

素朴ですが、腑に落ちる言葉です。ここで重要なのは、大平さんたちが有機農業を始めたのは、安易な近代化がもたらした農産物の質の低下や、生産者自身の人生の質の低下を解決するためだということ。決して、反進歩主義ではないのです。

農薬も化学肥料もビニールも使わずに、今の農業と立ち打ちできる、そんな夢のような農業があるのだろうか。そうだ！　祖母たちのやってきたこの農法を『夢の農法』と思って実現させてみよう。

著書『有機農業の農園』（健友館）にある言葉にもそれが表れています。スローライフ志向どころか、大変な野心家です。もちろん、農業の工業化がもたらす害悪については大平さんも厳しく批判しています。しかし、技術の進歩や生産性の向上を否定しているわけではありません。

僕にとっての有機農業も、これに近いものです。無農薬とか無化学肥料などというのは枝葉の話に過ぎません。農薬を使わないこと自体に価値があるわけではないのです。大平さんたちが模索した有機農業の手法を、僕たちも間接的に学び、実践しています。それは、近代化以前のやり方をベースに、科学と経営を取り入れた現代的な方法論です。

僕は、有機農業推進法が定義する有機農業と、大平さんの有機農業は似て非なるものだと思います。農薬を使わないことや環境保全性が高いことは、有機農業の一面でしかありません。「なぜ有機なのか？」という理屈はあっていいでしょう。しかし、有機農業のいいところをどんなに合理的に語られても、頭で納得するだけで、心は何も喚起されません。同様に、そのいいところに対して「有機なんて科学的にはナンセンスだ」という批判が起きても、議論としては面白いですが、やはり心には何も響きません。

僕が語る有機農業は、「我が内なる極私的有機農業」です。心の中で大切に輝いているもので、誰の手にも触れて欲しくありません。「僕の大事な有機農業を、お前らの手垢にまみれたものと同列に語らないでくれ」というのが本音です。

何が本物の有機農業か？　という類いの論争は、昔から延々繰り返されています。やれ自然農法だ、やれ不耕起栽培だ、などと新しい「奇跡」が起きるたびに、その手の神学論争が再燃します。「芸術とは何か？」と同じくらい不毛なテーマに見えて、辟易しています。

繰り返されるのは、その農法がどれだけ「自然」か？　という議論です。耕すことは自然ではない。化学資材は自然ではない。自然の交配種は生き物の摂理に反する。遺伝子組み換えは神への冒涜である、などなど。もちろんストーリーとして面白い面があることも事実です。しかし、よく考えれば話は単純。そもそも農業は自然な物ではないのです。

穀物も野菜も、もともとは世界のどこかで自生していた植物です。ヒトはそれを採ってきて食べていました。その調達効率を上げるため、住処の近くで育てようとしたのが、栽培の始まりです。

植物の中には生存戦略上、実を動物に食べてもらおうとする種があります。果樹は、タネを動物に食べてもらって遠くへ運んでもらうため、甘い実をつけることはご存じだと思います。

一方で植物は、体の一部が硬かったり、毒を持っていたりして、食べられたくない部分は守る機構も持っています。ヒトは栽培を発達させる過程で、それらの植物をより食べやすく、大きくやわらかく改良していきました。それが今日の穀物であり、野菜です。

すなわち、田畑というのは、ヒトの食料調達のために、生き物の仕組みを利用してつくっている生産工場のこと。手つかずの自然とはほど遠い物です。地球の表面を人間の都合で大規模に改変しているという意味では、農業は人類の行為の中でも、最大の環境破壊と言っていいでしょう。農業がなければ、今の地球の人口などとうてい維持できません。

このことの是非そのものはここでは問いません。ただ、そのような極めて「不自然」な農業の中で、どのやり方がより自然に近いかを問うのは実に不毛な議論だと、僕は考えています。

アップル社で初代マッキントッシュの開発が遅れそうになっていた時に、スティーブ・ジョブズは開発者たちに「Real artists ship.（真の芸術家は出荷する）」と声をかけて励ましていたといいます。僕にとっての優れた有機農業とは、作り手が納得して「ship」した野菜が食べる人を満足させ、正当な対価が得られる、そんな行いです。それ以上、何が必要なのでしょうか。

第三章
言葉で耕し、言葉で蒔く。
チームで動く久松農園の毎日

小さくて強い農業の実際

素人集団、久松農園の日常はどんなものなのか？　この章では、「小さくて強い農業」の生の現場をご紹介したいと思います

◆久松農園　夏の日々

7月28日（月）晴れ　最高31度　最低22度

夏の作業は朝5時のミーティングで始まります。まずは夏野菜の収穫から。農場長が前日にまとめた出荷指示書はクラウドで共有され、スタッフが自宅でプリントアウトして持ってきます。前週の野菜の様子、顧客の反応をフィードバックしながら、その日の収穫分担を決めます。

農場長のフシミから、詳細な指示が飛びます。

「なす、梅雨明けで木がへたって来ています。少し小さめで採ってください」

「ボンズ君、前回のオクラは時間かかりすぎています。今日は何時間でやりますか？」

「1時間30分を目指します」

「十川さん、愛宕3に行くついでに、落花生の雑草の様子を見てきて下さい」

出荷品目					
10月28日	定期便	46			
	M	57			
	L	11			
品目	収穫	セット	レストラン	備考	報告
大根	76	68	8		
紅芯大根	11		11		
赤大根	11		11		
葉付きミニ人参	6		6	6～8本	
人参	5		5	kg	
キャベツ	82	68	14	新藍②	
バターナッツ小	1		1		
じゃがいも	2		2		
赤じゃがいも	8		8		
玉ねぎ	12	11	1		
玉ねぎ10kg送料込	1		1		
生落花生	70	68	2		
生落花生大袋	5	1	4		
ちゃんこネギ	7		7		
スティックセニョール	70	68	2		
ブロッコリー	75	68	7		
カリフラワー	10		10		
カーボロネロ	11		11	5～6枚	
ゴズィラーナ	2		2	5～6枚	
ソフトロメインレタス	75	68	7		
サラダかぶ	86	68	18		
お徳用かぶ	4		4		
小松菜	80	68	12		
ほうれん草	4		4		
春菊	15	11	4		
水菜	10		10		
わさび菜	79	68	11		
赤サラダからし菜	92	68	24		
ルッコラ	6		6		

出荷品目表

5分ほどの打ち合わせの後、各自道具箱を持って、担当の畑に散っていきます。はさみや包丁の切れが悪くなっている時は、ダイアモンド砥石で刃をサッとひと撫でします。

今は夏野菜のトップシーズン。3台の軽トラが出荷場に出ては入り、きゅうり、なす、ピーマン、トマト、オクラ、ねぎ、ニガウリなど、色とりどりの野菜が運び込まれます。涼しいうちに終えてしまいたいので、収穫時の動きは皆機敏です。7時近くになると、キリのいいところで各自朝食を摂り、再び収穫に戻ります。

気温は早くも28度。梅雨明けの太陽が容赦なく照りつけます。この時期は水筒もすぐにカラになってしまいます。収穫が落ち着く9時、出荷スタッフが出勤してくると、全体出荷ミーティングが始まります。今日の忙しさを予想した出荷スタッフの中には、自主的に30分早出している人もいます。農場長からその日の出荷説明があります。

「前回、ピーマンの虫のクレームが1件ありました。どのようにしていますか？」

「いつも通り、こんな感じでいったん全部見てから袋詰めしています」

「分かりました。梅雨明けはタバコガが一気に増えますので、チェック厳しくして下さい。収穫スタッフから何かあれば報告お願いします」

「ヤングコーンが50本しか採れませんでした」

「了解。この分とこの分が欠品になります」

「そういえば、5th cafe Udagawaさんから、オクラが美味しいと報告がありました。フェイスブックページを印刷してきたので、貼っておきます。では、今日も暑いので、水分補給をこまめにして下さい。よろしくお願いします」

「お願いします！」

3人の出荷スタッフは、今日の調整・出荷の段取りを自分たちで話し合い、それぞれの仕事に取りかかります。畑スタッフは、引き続き打ち合わせです。

「ボンズ君、なすはあとどのくらいかかりますか？」

「あと20分です」

「15分で終えて下さい。十川君は何をしますか？」

「午前中、スティックを植える畝の通路除草やっちゃいます」

「お願いします」

細かい作業の進め方は各自の自主性にまかされています。分からないことがあれば農場長に確認しますが、一人で動くことが圧倒的に多いのが久松農園の仕事の特徴。多品目栽培は、一つひとつの作業時間が非常に短いです。同じ作業を一日中やるのは、じゃがいも掘りや加工用人参の収穫など、一年のうち数えるほどしかありません。1時間から半日しかかからない細かい仕事が週に何十もあり、それをメンバーがバラバラにこなします。一人ひとりが作業の内容を理解し、自分の判断で動ける仕組みがないと回らないのです。

多品目無農薬栽培で一人がこなせる面積は1haが標準的。久松農園で一人1・4haの畑を回せているのは、段取りが徹底しているからです。その分、人を選びます。仕事に前向きに取り組めない人は論外です。現場監督がいないので、何をしていいか分からず、一日もついていけないのではないでしょうか？

もちろん意欲があっても、作業の意味を理解していないと、空回りするだけです。農業は一般には肉体労働だと思われていますが、久松農園に限っていえば、体と頭を五分五分に使う仕事です。

夏場は、夏野菜の収穫、みるみる伸びる雑草刈り、秋冬野菜の植え付けが重なる忙しい時期。

管理	播種、定植	除草:	片づけ:	その他
じゃが芋掘り	枝豆 ジュピター きゅうり③	ねぎ管理機削ったろう	栗たん	雨どい設置
栗たん収穫②	落花生②追い播き	里芋管理機マルチ際	甘いんです①	高岡物置片づけマルチ移動
トマトハウス灌水			ズッキーニ	中原南区フレール
モロヘイヤバジルシソ芯摘み				
きゅうり葉かき		**ロータリー**		
吉蔵追肥土寄せ		神山 新神山 その他		6月28日（土） 農園見学会
マイクロトマト手入れ				
ピーマンフラワーネット	**マルチ張り**			
	太陽熱 枝豆			

6月23日 (月)	6月24日 (火)	6月25日 (水)	6月26日 (木)	6月27日 (金)
収穫 外出 久松 モロヘイヤバジルシソ芯摘み ピーマンフラワーネット	出荷 伏見 十川 マイクロトマト手入れ 落花生②追い播き 枝豆 ジュピター播種	じゃが芋掘り	収穫	出荷 久松 十川 配達 ポンズ 十川 買い物 伏見 見学会調理
きゅうり葉かき 栗たん収穫②片づけ トマトハウス灌水 中原じゃが上刈取り 周りフレール	吉蔵追肥土寄せ ねぎ管理機削ったろう 里芋管理機マルチ際 きゅうり播種	外出 久松	外出 久松 17時公民館鍵	見学会でまわるところ 高岡周り、愛宕③周りをきれいに。 お土産、リスト、領収書など準備

翌週の作業計画表

収穫、除草、圃場《ほじょう》の準備、植え付け、片付けなど、栽培のいろいろな工程の作業が細切れにやってきます。スタッフ全員が、今の畑の状態、今やるべきことを把握していないと効率よく動けません。先輩の後をくっついて回って、一つ終わったら「次何しましょう？」が許されるのは最初の3ヶ月のみです。

図は、農場長が週末につくる翌週の作業計画です。その週にやるべきことが項目別に箇条書きになっていて、大まかなスケジュールが切ってあります。天候や進捗状況を見て、作業の順序はフレキシブルに組み替えられます。決められたことを機械的にこなす、という形は取れませんし、取るべきでもありません。

スタッフには、過去の記録を見て、作業の中身を予習してくることが求められています。過去の作業記録はデータベースにまとめられ、圃場、品目、品種、作業項目などで抽出することができるようになっています。たとえば、品目：なす－品種：小五郎で抽出すれば、昨年一年間の千両なす栽培の全作業記録が出てきます。別につくってある作業マニュアルや、教科書と照らし合わせながら、畑のナスは今どのステージにあり、農場長の指示の中身は何なのか、を自分なりに考えることができます。

仕事が多いので、1週間分すべてを一気にやるのは大変ですが、少なくとも当日の朝までには、作業の目的、必要な道具や段取り、所要時間について、自分なりの答えを全員が持っています。別の言い方をすれば、事前に頭の中で一度その作業をしてから、本番に挑む体制です。曖昧な点があれば、朝のミーティングで確認することで、ミスも防げます。どんな些細な作業にも必ず目的と根拠があり、「なんとなく」やっていいことは一つもない、という考えが全員に共有されていることが大切です。

就農したての頃は、朝から晩まで必死に作業をしていても、「本当にこれでいいのだろうか？　何か大きなことをやり残していないだろうか？」といつも不安でした。ゴールも、そこに至るプロセスも明確ではなかったからです。農園スタッフには、スケジュールを示すことで、仕事の生産性を担保しています。走行レーンは分かりやすく示すので自分なりの充足感を追求して存分に走ってください、という思いがあります。

10時になると、ふだんは各自家に戻って昼休みです。真夏の作業は5～10時と14～18時。日

日付	圃場	品目	品種	番手	作業	内容	連絡/反省
2014/4/1	育苗ハウス	きゅうり	夏ばやし	1	播種	140粒	
2014/4/1	育苗ハウス	きゅうり	シャキット	1	播種	100粒	
2014/4/1	愛宕3	かぼちゃ	ほっとけ栗たん		定植	(2/26)203鉢 50M畝2本 5150高畝 150 ピッチトンネル支柱 ユーラック有孔 スズラン 遮光ネット	畝施肥アグレット畑カル1袋ずつ/
2014/4/1	トマトハウス	トマト			圃場準備	前作片づけ ロータリー	ハウス外北側の際除草
2014/4/1	大畑中				耕耘	ネギ予定地	マルチ展張前にもう一回ロータリ
2014/4/1	いっしん				耕耘	三浦大根跡	
2014/4/1	育苗ハウス	トマト	パルト			冷床へ移動	前日の冷風に当ててしまったため
2014/4/1	育苗ハウス	トマト	妙紅			冷床へ移動	
2014/4/2	高岡西				圃場準備	緑肥 糠100袋 石灰7袋ライムソワー+ロータリー	
2014/4/2	田宮			2	除草	葉物②けずったろう除草	草が大きくて時間がかかった。→
2014/4/2	大畑中				耕耘		
2014/4/2	大畑中				除草	葉たまねぎマルチ際手除草	
2014/4/2	大畑東				耕耘	三浦大根跡片づけ	
2014/4/3	田宮	赤サラダからし菜		2	その他	収穫開始	
2014/4/3	愛宕3	菜の花	小松菜楽天		その他	収穫開始	
2014/4/3	愛宕3	菜の花	からし菜		その他	収穫開始	
2014/4/3	保育園	菜の花	のらぼう菜		その他	収穫開始	
2014/4/3	田宮	キャベツ	彩音		管理	被覆除去	
2014/4/3	田宮	白菜	晩輝		片付け	被覆除去	

作業記録のシート

中は暑過ぎて仕事になりません。午前中にその日のノルマをあらかた済ませてしまい、午後は少しゆっくり目にやるくらいでないと体が持ちません。梅雨明けからお盆過ぎまでの1ヵ月は暑い上に多忙ですが、疲れすぎないことが大事です。夏場に体力・気力を使い果たすと、それを冬まで引きずってしまうという、僕の一人農業時代の苦い経験を反映しています。背伸びは続かないので無理は禁物です。

さて、時刻は11時。ふだんなら畑スタッフは昼寝の時間ですが、今日は夏恒例の昼食会。一同着替えて寿司ランチとしゃれ込みました。いつもと違う服で、違う場所で美味しいご飯を食べると、ふだん出ないような話題にも花が咲きます。20代から50代まで幅広い職場ですが、共通の話題を探すのもまた楽しみの一つです。ちなみに、男女比は男3：女4。農場長が女性ということもあり、むしろ男の肩身の狭い農園です。

出荷スタッフの3人はとても心強いです。畑から取ってきた野菜をキレイに掃除し、より分け、計量・袋詰めをし、出荷先毎につくられた帳票（カンバン）に従ってピッキング、発送、事後伝票処理までの工程を一手に引き受けています。品目・規格が多い久松農園では、一つの仕事を覚えても、野菜は季節とともに次々移り変わります。しかも、同じ品目でも、走り－旬－名残と、生育ステージでモノは変化します。分からないことはすぐに確認しますが、皆自主的に判断して動きます。最近では、足りなくなった資材の発注や、貯蔵物の在庫管理、品目ごとの収穫期間の記録、収穫作業の一部までもやってくれています。パターン化ができない面倒な仕事をテキパキと処理してくれる彼女たちの存在は農園に不可欠です。

14時。午後の畑作業再開です。この日の午後のメインは、ブロッコリーの植え付け。800本の苗を植え付け、株元に水やりをし、防虫ネットという網で完全に覆います。夏から秋にかけては蛾や蝶が大発生する時期。植え付けと同時に作物をネットで覆い、虫がブロッコリーに近づけないようにしないと、作物はたちまちボロボロにされてしまいます。

畝の土は、太陽熱殺草処理してあります。これは、マルチというポリフィルムで地面を1ヵ月ほど覆い、太陽の熱で表面の草を焼き殺してしまう技術。モノを植えてからの畝は防虫ネットで完全に密閉されるので、その中の草取りは現実的には不可能です。殺草処理と防虫ネットの組み合わせのおかげで、虫害の多い夏の関東でもキャベツやブロッコリーを無農薬でつくることができます。

こうした主な作業は、A4サイズで1枚の作業マニュアルにまとめられています。このマニュアルのおかげで、新人が初めての作業を行うときでも、おおよその見当を付けることができますし、久しぶりに行う作業であっても、忘れ物や工程飛ばしを防ぐことができます。

マニュアルはできるだけ初心者が作るようにしています。作業に慣れてしまった人が作ると、俯瞰で見過ぎてしまい、暗黙知化している細かい行動の記録が抜けてしまうのです。「畝は真っ直ぐ平らに整地しておく」のような、ごく当たり前のことを具体的に書き記しておくことが、初めての人にはとても有用なのです。

工学者で「失敗学」の提唱者である畑村洋太郎氏は、「客観的な失敗情報は役に立たない」と指摘します。第三者の客観的な視点ではなく、当事者の主観で記録された情報でなければ、後に続く人がその経験を生かすことができない。家電製品の分厚い取扱説明書にありがちな、訴訟回避のためとしか思えない微に入り細を穿つような説明ではなく、作業者の目線に立った簡潔で平易なものが「使えるマニュアル」なのです。

実際、ウチのスタッフは、他の新規就農者と比較して、作業の習得は早いように見えます。まずは個々の作業のスキルを身につけることにフォーカスし、必要に応じて全体を組み立てる

キャベツ定植

必要なもの：
苗、ひっぱり君、細くてしっかりした枝（多めに）、さく引き、ダンボール、防虫ネット、シングルピン、丸フック、じょれん、遮光ネット、黒丸、繰り出しローラー（新品被覆資材展張時）

前日までに準備しておくこと：
苗の状態チェック　資材チェック

作業手順	注意点
苗の水やり	天気によっても変わるが1時間前くらいには済ませて落ち着かせる。チェーンポットの場合多少土が緩くても大丈夫。
通路除草	土寄せのときに邪魔になるのであらかじめ処理しておく。
マルチ剥がし	1時間前には剥がしておく。天気を見て雨を入れる場合もあるので要判断。特に透明マルチは表面が乾きやすい 回収したマルチは通路に展張するのでキレイにとっておく。
苗の段取り	チェーンポット苗は「132×株間cm」の距離で段取り。
定植位置決め	条間を考えて、ひっぱり君をスタート位置に持ってくる
ひっぱり君苗セット	育苗箱に板を噛ませて苗を乗せる。端のペーパーをとって定植位置まで苗をのばし、枝で固定。少し土をかけてさらに固定する。鎮圧ローラーを下ろす。
ひっぱりスタート	はじめはゆっくり。土の状態やかかり具合を見て、深さや倍土を調節。
補植	余り苗で欠株を補植。
さく引き	畝のギリギリを攻める。出来てないと草になる
ダンボール	畝ギリギリに刺す。150～160cmピッチで。
防虫ネット展張	溝の真ん中にピンがくるように、ピンと張りながら止める。折り返しで資材がねじれないように。→回収が楽になる。
ジョレンで土かけ	溝を土で埋める
遮光ネット展張	苗の様子や天気を見て遮光ネット。
黒丸で固定	頭は外しやすいように出しておく。隣の畝と黒丸の位置が同じところにくるようにさす。→開け閉めが楽になる。
通路マルチ展張	回収したマルチを通路に展張し、約5m間隔で黒丸で固定。時間がなければ後日でもOK。ネットの裾に刺さないよう注意。

気づいたこと、感じたこと
・夕方の暑くない時間帯に定植。
・枝は育苗箱の数よりも多めに用意しておく。
・太陽熱を剥がすタイミングも考える。高温状態での定植はさける。
・後ろ向きで引っ張るので曲がりやすい。
・作業をはやく進めるには苗の段取りが重要。補充したいタイミングで近くにあるようにする。
・土の状態によって深さ、土のかかり方が変わってくるので要調節。
・苗箱を入れ替えるときひっぱり君の土を払ってあげる。土が溜ると詰まってウマく定植できない原因になる。溝を切るところや倍土板の下にも雑草や土のかたまりが溜るので違和感を感じたらすぐにチェックする。

段取りを学ぶという帰納的なやり方のおかげで、結果的に早くなっている、と考えています。

18時。暑さがいくぶん和らぐ頃、作業を終えたスタッフが出荷場に戻ってきます。終了ミーティングで、その日の進捗状況を報告し合い、質問があれば農場長が答えたり、宿題になります。スタッフは、その日の夕飯用の野菜を手に、家路に着きます。

残念ながら、仕事はここで終わりではありません。家に戻って食事を済ますと、その日の作業日誌の記入が待っています。続いて翌日の作業の予習です。必要な情報は、Dropbox や GoogleDrive などクラウドで共有されているので、すぐに取り出せます。

さらにメールチェックも仕事の一部。対外的なやり取りは農園の代表アドレスで行われ、メインスタッフにも見られるようになっています。取引先への連絡やクレーム処理は担当者が行いますが、他のスタッフもすべてのメールやフェイスブックページに目を通すことが義務づけられています。そうでないと、情報そのものはもちろん、農園の方向性や空気感が分からないのです。本当に共有したいのは、言葉を尽くした先にある「キラキラした何か」や、「グッとくる何か」だと思っています。

月曜日なので、担当のボンズは翌日の野菜宅配便に入れるニュースレターをつくります。昼間 iPhone で撮ったナスの写真が役に立ちました。農園ブログの記事もアップし、ようやく長い一日の仕事が終わります。わずかに空いた時間で、彼は来年に迫った自分の独立のことをつらつら考えるのでしょう。

今日もやることが多く、密度の濃い一日でした。でも、「やりたいこと」と「生産性」の両立には、どれも欠かせない工程です。だから、久松農園で働くと、センスのない人でも鍛えられます。向いていない人は、ただ漫然とやっていても上達しません。行動が標準化されていれば、覚えが悪い人でも、2年目からある程度のレベルにはなります。逆にいえば、1年やって芽が出ない人には、小さくて強い農業は無理だということ。ウチで無理なら、「体で覚えろ!」な農場ではもっと使い物にならないと思います。

このやり方は、行動科学マネジメントとしても正しいようです。まだまだ改善の余地はあり、スキルの習熟度が客観的に見えるように工夫するなど、皆が働きやすいような仕組み作りに今後も磨きをかけたいと思っています。

7月30日(水)晴れ　最高33度　最低22度

今日も朝からピーカンです。水曜は出荷のない貴重な日。朝から畑作業に取りかかれます。空心菜《くうしんさい》の2番手の播種《はしゅ》をちゃちゃっと済ませ、作の終わったレタス、ハーブ類の周りの草刈りとマルチ除去を行いました。力仕事は朝の涼しいうちにやってしまうと、はかどるし、体も気持ちも楽です。その後は、太陽熱マルチの通路の除草や、フレールモア（粉砕機）での機械除草、ロータリー耕をまとめて行うことができました。暑さのピークで体はきついですが、地表が乾いている分、雑草がすぐに枯れてくれます。この日一日でずいぶん畑がきれいになりました。

農場長フシミには、注文の集計という仕事があります。週2回の締め切り日に合わせて、飲食店からの注文のＦＡＸやメールが集まってきます。火曜が締め切りなのですが、深夜営業の飲食店の「火曜」は僕たちの「水曜」。真夜中に注文ＦＡＸを送ってくるお客さんも多いです。

この日の注文は25件。これを、外部のサポートスタッフが作ってくれた集計システムに打ち込んでいきます。入力が終わると、翌日どこに何をどれだけ出すかの一覧表が自動計算されます。野菜のアイテム数が30ちょっとあるので、タテ30×ヨコ25のマトリックスができあがります。同時に、売り先別の納品書（兼 出荷カンバン）、出荷・収穫指示書も作られます。あとは宅配便伝票を出荷件数分出力すれば、準備完了です。伝票の印刷も半自動。自作のエクセルの表に、その日の出荷先をコピペすると、顧客マスターから必要なデータを引っ張ってきてくれます。それをＰＣ上の宅配便伝票アプリに取り込めば、クリック一つで数十枚の伝票が出力されます。だいぶシステム化しているとはいえ、一連の作業に1時間はかかります。

飲食店の現場はＦＡＸが便利なようで、受発注はまだＦＡＸが主流です。タブレットやＰＣから注文を受けられるようにすると、手入力が省けるのですが、もう少し先になりそうです。厨房で電子端末を開きたくないという現場の気持ちもよく分かるので、悩ましいところです。

この日は、午前中に肥料メーカーの担当者に畑に来てもらいました。ナスやピーマンなどの果菜が肥切れ気味だったので、アドバイスを求めたのです。自己流でうまくいかないところは、県の技術の方、農協の指導員の方など、外の意見を積極的に取り入れています。一通り見てもらいましたが、潅水《かんすい》チューブの入れ方、追肥《ついひ》の仕方そのものに大きな問題はないとのことでした。「有機肥料の限界ですかねぇ……」担当者が申し訳なさそうに言いました。やり方が間違っていないと言われるのは嬉しい反面、抜本的な解決法がないということでがっかりもします。

午後は、久松は東京へ。まずは人材マネジメントセミナー。テーマはそのものずばり「農業法人における人材の定着について」。この手のものは、会社員時代に何回も聞いたはずなのに、経営者として聞くと身に染み方が全然違います。「従業員には、いいところも悪いところも正直に見せて、理解してもらうのが大事」という話に深くうなずきました。僕たちのような小さな経営体は、推進力がモチベーションしかないのだから、皆が自分ごととして楽しんで働いてくれなければ先はないと再認識しました。

夜は、大手有機宅配流通会社「らでぃっしゅぼーや」の皆さんと意見交換。資本はドコモだが、マインドはコドモ。時代に翻弄されつつも、熱さを忘れない人たちの暑苦しい会でした。

8月1日（金）晴れ　最高35度　最低24度

月が明けたので久松には締めの作業が待っています。給与計算、売上の集計、請求書の元ファイルなどを作成。前日が新潟出張だったのですが、帰りの新幹線である程度やっておけました。データをクラウド管理しているので、どこでも仕事ができるのが便利。日常のデリバリー業務は農園の担当者がやっていますが、急を要するときは、出先からでも対応できるようになっています。リアルにモノを動かす以外の仕事に関しては、農園にいる必要はない形にしているのです。それもこれも、少人数でこなすための苦肉の策ですが。

ウチでは、主な会計業務をアウトソーシングしています。数字の「下ごしらえ」をして、あとはプロにおまかせです。請求書の発行や入金管理も滞りなくできるようになりましたし、会社の数字がリアルタイムで把握できるようになったのはとても大きいです。使うのは、Dropboxとスカイプとスキャナだけ。経理情報が電子化されていて、銀行口座もクレジットカードもネットサービスを利用しているので、結果的には外注しやすい環境が整っていたといえま

す。一流の会計チームがサポートしてくれることで、精度は上がりますし、何より安心して本業に取り組めます。餅は餅屋。苦手なことは得意な人に任せるに限ります。

金曜日は個人向け野菜ボックスの出荷日。担当のソゴー君は朝から収穫・梱包に追われます。引き継いで間もないですが、丁寧な仕事ぶりが光ります。フシミが僕から引き継いだ仕事が、さらにソゴー君に引き継がれます。引き継ぐ過程で、漏れること、足していくことが必ず発生します。このギクシャクが、仕事を属人的なものから、システマティックなものにブラッシュアップします。この「人で揉んでいく」過程がとても重要なのです。

サラリーマンが誰でも言われる言葉に、「仕事は誰かから引き継ぎ、誰かに引き継がせるもの。属人的であってはいけない」というものがあります。僕は若い頃、それが嫌で、「他の人にできないことをやりたいんだ！」と思って会社を飛び出しました。自営業では、事業が自分の人格と一体化している心地よさ、いつでも等身大でいられる気楽さを満喫しました。最初の10年くらいは……でも、それではいつまで経っても自分という人間のキャパが事業を規定してしまうのです。人に渡して初めてその仕事のコアな価値が見える。そのためにも、引き継ぎ、引き継がせることはとても大切です。

会社員の頃は、大会社というのは図体ばかりでかくてなんとスピードが遅いことか！　と不満を持っていましたが、今では、長く続く大きい会社ってすごいな、と素直に感心しています。人が完全に入れ替わっても、事業がちゃんと存続しているのですから。20年の時を経て、逃げ出したものからリベンジを受けている。そんな気がしてなりません。

この日の畑では、雨よけハウスの屋根剥がし、ねぎの畝間除草、秋冬野菜の圃場準備などが進められました。

午後は、メインスタッフで畑周り。主な畑を実際に回って、いろいろ話をします。僕の中では、「よくやっているなー」といつも感心しているのですが、スタッフには、ダメ出しばかりが印象に残るようで、上司としての難しさを感じる瞬間です。事務所に戻って、作業の進捗状況や、課題などを話し合い、翌週に繋げます。

◆久松農園　冬の日々

1月15日（水）くもり　最高4度　最低マイナス1・3度

年が明けると寒さが一段階厳しくなります。年内はあれだけ青々としていた野菜たちが霜枯れてくるのもこの時期。正月休みが終わって畑を見渡すと、野菜の色が褪せてきたのがはっきり分かります。毎年この季節には、高村光太郎の「きっぱりと冬が来た」という詩を思い出します。真冬の朝は土が凍っているので、できることがあまりありません。作業の開始時間も午前8時。日が短いのに、気温の制約があって、1日でできることは限られます。その分よけいに、段取りがものを言います。

この日は朝から、長野のあさひや農場で研修している飯島君が体験に来てくれました。久松農園を訪れるのは2回目。1年後に独立を目指す若きホープです。早速、里芋掘りに参加してもらいました。機械で芋の根っこを切り、塊を掘り起こして収穫箱に入れていきます。里芋は年内に掘り上げて穴に貯蔵する地域が多いですが、この辺ではギリギリ冬も畑に置けます。必要な量をそのつど掘って、出荷しています。今日は300kgほどを掘り上げ、出荷場に運びま

した。

続いて切り干し用の大根の収穫。3kg以上に大きく育った大根を20本ほど抜きました。土をきれいに洗って、「大根突」という専用のカッターで細く切っていきます。細長く切られた大根は、網の上に薄く広げて干します。冬の冷たいから風と太陽に晒すと1～2日でできあがります。甘みと味の深さは市販のものとは比べものになりません。新鮮な素材をちゃんと加工すると、まったく違うものになるのです。干すと重量で10分の1になってしまうので、いくら作っても足りません。もっと生産性を上げる方法がないか模索中です。

1時間のお昼休みを挟んで、午後は春大根の種蒔き。事前に張ってあった黒マルチに手で蒔いていきます。冷たい土に指を突っ込んでいると、じきに手が動かなくなります。かと言って手袋をすると、タネがうまく掴めないので、手袋の先端を切ったり、薄いゴム手袋をしたり、各自で工夫しています。蒔き終わると、保温用に不織《ふしょくふ》布をトンネル状にかけ、さらにその上にポリフィルムのトンネルをかけます。春大根品種は、本来3月に蒔くものです。寒さに当たるとトウ立ちと言って花を咲かせてモノにならないので、トンネル保温をしてあげます。「もう春だよ」と言って大根を騙しているのです。被覆の後は、飛ばないように、ヒモをしっかりかけ、裾を土で抑えます。雪で厳冬期には畑作業ができない長野ではトンネル栽培はあまり盛んではないので、飯島君も目を輝かせて作業を手伝っていました。

15時の休憩の後は玉ねぎの追肥や、収穫の終わった畑の片付けなどをやりました。17時には暗くなってしまうので、午後休憩の後はうかうかできません。日が落ちてから片付けをして、17：30頃終礼です。

夜は、明日帰ってしまう飯島君を誘って宴会。一次会は近所の大盛り中華料理屋で乾杯しました。飯島君はマジメで、熱く、悩める青年です。不幸にも農業に取り憑かれてしまい、悶々としています。幸い、日本の若者は憲法第13条と22条で、等しく悶々とする権利を保障されています。若者の悶々への妨害、阻害、邪魔、干渉、割り込みは、何人たりとも許されません。

							1月					2月				3月			
							1	2	3	4	5	6	7	8	9	10	11	12	13
品目	品種	圃場	予定量	栽植密度	畝長														
キャベツ	アーリータイム	いっしん	500	5330	50	2重ユーラック無孔	●	—	—	—	—	—	—	▼	—	—	—	—	—
キャベツ	味春	田宮	300	5230	45	防虫ネット	—	—	—	—	—	—	—	—	—	—	—	—	—
キャベツ	みさき	いっしん	650	5330	65	2重ユーラック有孔					●	—	—	—	▼	—	—	—	—
キャベツ	ポイントワン	いっしん	350	5330	40	パオパオ							●	—	—	—	—	▼	—
キャベツ	舞にしき	いっしん	500	5240	100	パオパオ						●	—	—	—	—	▼	—	—
キャベツ	舞にしき	いっしん	500	5240	100	パオパオ								●	—	—	—	—	▼
スティック	スティックセニョール(	いっしん	650	9240	130	パオパオ					●	—	—	—	—	—	▼	—	—
スティック	スティックセニョール(	いっしん	650	9240	130	パオパオ								●	—	—	—	—	▼
じゃがいも	キタアカリ	大畑西	30	40									●	—	—	—	—	—	—
じゃがいも	レッドムーン	大畑西	60	40										●	—	—	—	—	—
じゃがいも	トウヤ	中原	80	30										●	—	—	—	—	—
じゃがいも	トヨシロ	中原	30	30										●	—	—	—	—	—
じゃがいも	十勝コガネ	中原	30	30										●	—	—	—	—	—
じゃがいも	ノーザンルビー	中原	20	40												●	—	—	—

栽培計画表

その後は自宅へと場所を移し、栃木県足利市にあるココ・ファーム・ワイナリーの「農民ロッソ」で2次会です。眠そうなゲストを尻目に議論は白熱し、冬の夜は更けていくのでした。

このように、日々の作業は週間スケジュールに沿って行われていますが、その上位に来るのが、シーズンはじめに作る栽培計画表です。これは、品目ごとに、品種、圃場、作付数、栽植密度、使用資材などを書き込んだ一覧表で、半年間の畑の設計図です。基本的には、前昨年の播種・定植・管理・収穫を週単位でプロットしたものをベースにつくります。週には通し番号が割り振られている（3月第1週は第10週、など）ので、該当する週を縦に切り取ったものが、先に紹介した週の予定表に該当します。

多品目栽培では、この基本設計がキモ。年間50品目と言っても、品種で言えば120〜130ありますし、作型《さくがた》と言っ

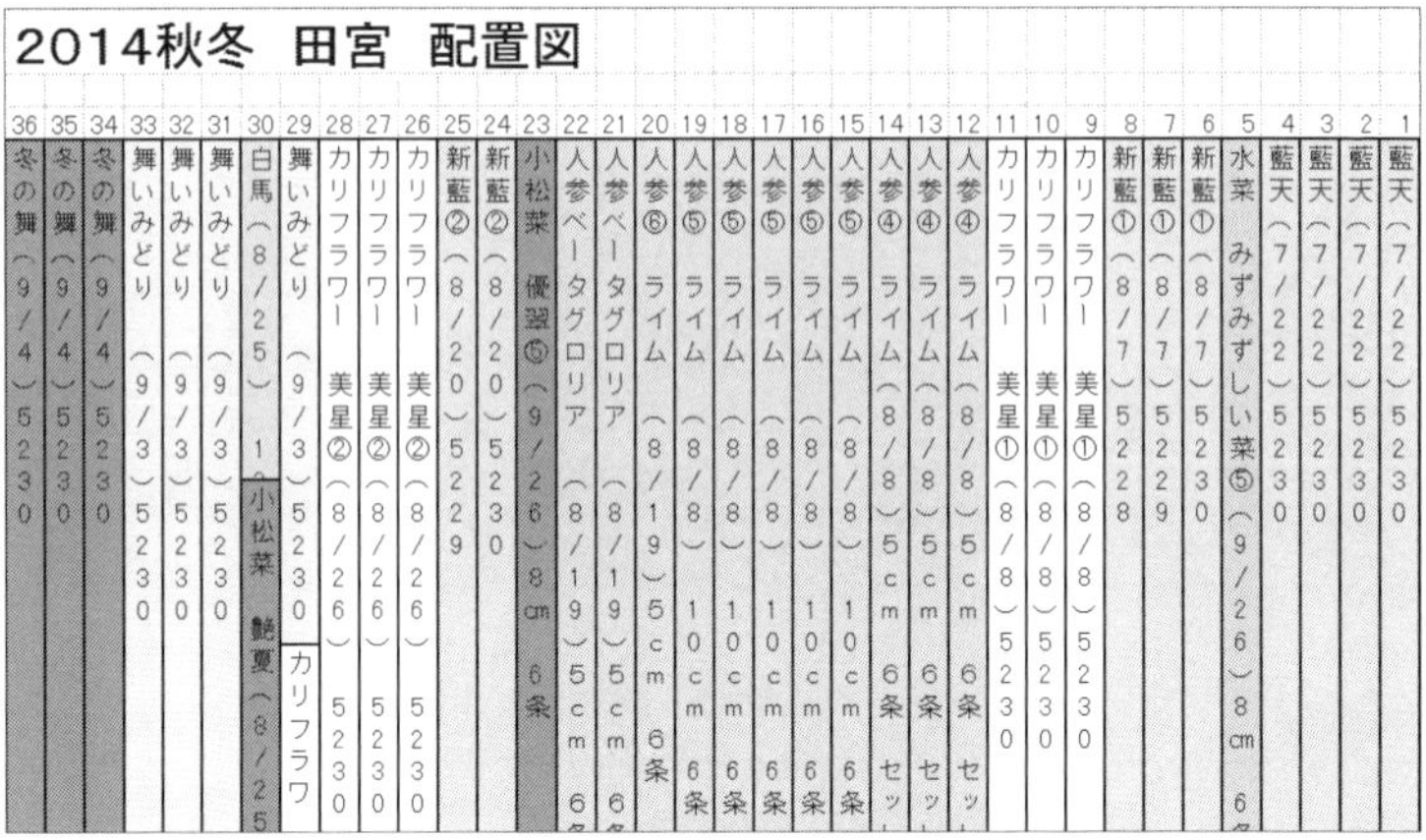

見取り図

て、種蒔き1回を1と数えればゆうに200を越えます。1年ということになると、これだけびっしり書き込んだ表が、A4で5枚にも6枚にもなります。15年やっている僕でも、すべてを完全に記憶している訳ではありません。木を見て森を見ずに陥らないためにも地図は大事。全体の地図がないまま、日々に埋没してしまうと、すぐ迷子になってしまいます。

栽培計画表は畑を時系列で追ったものです。これを空間で切り取った見取り図もつくります。畑の形がいびつだと図にしにくいものですが、Google map のおかげで、ずいぶんやりやすくなりました。

作付計画を考えるのは大変です。もちろん過去の蓄積があるので、ゼロからのスタートではありませんが、昨年の栽培の失敗や、営業実績を踏まえ、しかも人の能力を考慮して全体を調整するのは、クリエイティブだけど、胃が痛くなる作業です。音楽で言えば、オーケストラの編曲の作業。楽器ごとに譜面にまで落としてから、演奏の練習に入っていくのです。フシミ農場長は、久松農園の指揮者。3年目ながら、見事なタクトさばきを見せています。

農作業の言語化・数値化は、体で覚えるセンスのない自分が、苦肉の策として始めたものです。言語化は一回で終わるものではありません。仮の言葉で定義したものを、実践し、結果観察をフィードバックし、と繰り返すうちに、背後にある法則性が見えてきます。多くのデータを取って法則性が見えてくると、未知のものにも推定・応用が利くようになります。回帰分析の言葉で言えば、何と何が説明変数になっていて、その寄与率が相対的にどの程度なのかに、当たりがつけられるようになるのです。大体の当たりがつけば、寄与の大きいところから潰していけばいいわけですから、回帰式全体がバシっと見えていなくても、結果は出ます。「高度な栽培技術がなくても農業はできる」と言い切れるのはそういう理屈があるからです。

その後分かったのは、言語化された技術・技能は、人に伝えるときにこそ威力を発揮するということです。自分を説得できたことは人の説得にも有効。全くの怪我の功名ですが、今思えば、言語化を始めたことが、何かを人と共有する始まりだったのだと思います。もちろん、自分の言葉をそのまま人に渡せるわけではありません。上でも述べたように、渡す時に弱いところがいろいろ見える。余計なものがそぎ落とされて、コアな部分が伝わる。理屈の上では、そうやってAさんからBさんへ渡せたものは、今はまだ会ったこともない任意のXさんにでも渡せるはず。複数の人の手で揉まれながら、技術が固まってくるのです。

この話にはさらに先があります。仕事が言葉に落とし込めている＝属人化させない仕組みがあることによって、仕事が「人」ではなく「機能」で見えるようになるのです。ある目的が達成されるためには、どんな条件が満たされなければならないかがはっきりしていると、誰かのせいにして終わり、になりにくいのです。

たとえば、きゅうりに病気が発生したとします。調べてみると、風通しが悪いからだろうと分かりました。遡って、畝と畝はなぜこの距離にしているのか？　そこにそもそも根拠はあったのか、なかったのか？　狭くする理由があったなら、それはどんな理由で、逆にそれを広げるとどんなデメリットがあるのか？　分かっていたのに作業上できなかったのはなぜか？　という具合に、淡々と原因究明・対策立案ができます。「誰がやったか」よりも、「その仕事がどう機能したか」に目が向きやすいのは、とてもポジティブです。

逆に「人」をブラックボックス化してしまって、「機能」に切り分けないと、「気をつけろ」「気合いで乗り切れ」以上のことは言えなくなってしまいます。久松農園のやり方は、「今、この仕事がうまくいっていないのは、ここでこういう機能を果たせていないからだ」ということが可視化されやすい。だから対策も立てやすいし、次の人にバトンタッチしやすいと言えます。

人は誰もが、変わることのない特徴を持っています。ゆえに、人の能力は単純な優劣では語れません。チームの総合力は、一人一人の力の足し算ではなく、各々が他者との関係の中で自分の役割を見つけていくことによって高まります。

自分が「体で覚えるセンスの人」でなかったことを出発点に、仕事の言語化が始まった。それが、人を育成することにつながり、やがて、チームづくりにも役に立っていった。まだ道半ばですが、災い転じて福となす、とはこういうことなのではないでしょうか。

第四章
「向いていない農家」は、日々こんなことを考えている

自然に振り回される仕事

「農業は天候に左右されて大変でしょう」とよく言われます。ひねくれ者の僕は、程度の差こそあれ、天候に左右されない仕事なんてあるのか、と言いたくなりますが、自然の一部を間借りしてやっている以上、農業が天候の影響を受けるのは事実です。最近では、完全制御型植物工場という、閉鎖環境で行う農業も出てきていますが、ほとんどの農業は自然条件から無関係ではいられません

なかでも露地野菜は、天候に振り回される仕事。百姓同士は、規模の大小、プロアマ問わず、顔を合わせれば天気の話をし、その大半は愚痴です。つい先週まで「雨がなくて困っちまうようなぁ」と言っていた人が、同じ表情で「こう降ってはなぁ」とぼやく。今日も日本中の農村で、そんな不毛な会話が交わされていることでしょう。

都会で暮らしていた頃は、天気というものを今ほど意識しませんでした。もちろん、晴れて欲しい、とか、寒いのは嫌だ、という気持ちはありますが、それはあくまでも受け身の関わり方。天気に応じて自分の出方を変える、という能動的な関わり方をするようになったのは農業を始めてからです。

たとえば人参は種を蒔いた後の雨の降り方で発芽が大きく変わります。降らなければ芽が出

ないし、降り過ぎても土が固まって芽が出ない。芽が出なければ、その年の人参の収量はガタ落ちです。たった1日の雨を、ひとシーズン引きずるのです。

畑の水やりはどうしているのですか、と聞かれることもあります。潅水設備が整った一部地域を除いては、露地野菜は基本的に雨水だけで育てます。ウチでも、夏場の果菜類など少数のものを除いて、水やりはほとんどしません。というより、設備も時間もないので、できません。なので、ここぞ、というときに雨が降らないのは本当に困ります。

夏の人参の播種は、1年で最も雨が降らない「梅雨明け十日」の時期に重なっているので、毎年やきもきします。ある年は、7月末にどんぴしゃのタイミングで夕立があったのに、子供の夏祭りでみすみす種蒔きのチャンスを逃がしました。翌日、カラカラの畑の前で「祭りにかまけて雨を逃したー!」とわめいていたら、スタッフに聞かれて大笑いされました。毎年この時期の僕は雨待ちでイライラしているので、人が寄りつきません。

でも冷静に世界を見渡してみると、アジアモンスーン地域に属する日本は雨がとても多いのです。日本の年間降雨量は世界平均のおよそ2倍。水田稲作というものは、高い気温と豊富な水がなければ成り立たない、実に贅沢な栽培体系です。水田稲作には、田んぼの面積の6倍の森林が必要と言われているくらいです。水に困っている多くの国では、少ない雨を効率よく利用する研究が進んでいます。日本の3分の1くらいの雨量で工夫して農業をしている中東の話を聞くと、人参の発芽ごときでやきもきしている自分の小ささに恥ずかしくなります。

就農した頃はまだ、天気予報はテレビやラジオで見るものでした。今はもっぱらネットです。24時間更新される気象情報をマメに確認しながら、気温や雨風を予想して、農作業に反映させます。空をにらんで、当日の予定を変更することもしばしば。現在は、民間の気象会社も競っていろいろな情報を出していますので、おのずと気象リテラシーも上がります。天気図、雨雲レーダー、風予測などは一日に何度もチェック。長期予報や過去のデータなども簡単に調べられます。便利な時代になりました。

余談ですが、小学生の娘は家を出るときに雲行きが怪しいと、「お父さん、今日雨降る？」と聞いてきます。幼かった頃は、天気を決めているのは父だと本当に信じていたようです。

風で潰されたビニールハウス

風も農業をする上でとても重要な要素です。建物の中にいる暮らしをしていると風を意識することは少ないのですが、ちょっとした風が農作業の効率に大きく影響します。ビニールトンネルや不織布《ふしょくふ》などの、作物に保温被覆をする作業は、風の有り無しで仕上がりが全然違います。無風の時ならいい加減にやってもそれなりにできますが、風があるとピシッと張るのに工夫を要します。うまく張れていないと、保温効果が低かったり、強い風で剥がれたりして、その後の生育に影響が出ます。

被覆の作業は、風の強さと方向を確かめることから始まります。作業マニュアルには、風上側に資材を広げる、とか、一定以上強い風の時はこの作業はしない、などの細かい段取りが書かれています。一つ一つは小さなことですが、一年を通して見れば、その積み重ねが全体の生産性に効いてきます。一人農業時代に風の恐ろしさをいやというほど経験している僕は、風に対してとても臆病です。

実際に、ちょっとした判断が、身の危険につながることもあります。農業を始めて間もない頃、春の大風でビニールハウスが潰れるのを目の前で見たこともあります。北関東では毎年春先に強い風が吹きます。日本付近に北から入り込んでくる冷たい空気と南から流れ込む暖かい空気がぶつかりあって上昇気流が生まれ、温帯低気圧が急速に発達するためです。台風のような大風が吹くことも珍しくありません。台風は、中心が近づくと急激に風が強まる傾向がありますが、春の嵐をもたらす温帯低気圧は、低気圧の中心から離れたところでも風が強く吹くため、油断しやすく、かえって危険なのです。

構造が簡易なビニールハウスは、最低限の強度を持たせるためには建て方が非常に重要です。そういうことを知らなかった僕は、人からもらった中古のパイプを、見よう見まねで適当に建てしまいました。「なんだ、ハウスなんて簡単じゃんか」くらいに思っていました。

建ててからわずか2週間後、台風並みの大風が吹き荒れました。視界が失われるほど土が巻き上がり、ビニールハウスはギシギシ音を立てて歪んでいます。これはマズい、と思い、日曜日で家にいた妻を引っ張り出しました。木の棒で支えるべきか、ロープで縛るべきか。声も聞こえないような大風の中で、オロオロするばかり。そして、あろうことか、妻にハウスのパイプを手で押さえさせて、道具を取りに行ったのです。数分して戻ると、妻が「もう無理！」と叫んでいました。さすがに危険を感じて二人で離れた直後、目の前でハウスがグシャっと潰れました。その日はどうすることも出来ず、すごすごと退散しました。

後から考えると、とんでもなく危険なことです。自分はともかく、人に怪我をさせたらどうするつもりだったのでしょうか。たまたま何もなかったからいいようなものの、そういう判断をする時点で経営者失格です。

あえて何が間違っていたかを挙げると、まずはハウスの設計が間違っています。ハウスのパイプを挿す間隔（ピッチ）が広すぎました。この辺りでは通常1尺5寸＝45㎝が基本的な仕様です。僕は2倍の90㎝間隔で挿していました。強い風に耐えられなくて当たり前です。その時の風を乗り切ったとしても、いずれ潰れたでしょう。次に、もし風に耐えられないと判断したら、屋根のビニールを切るべきでした。そうすればパイプは守れます。その時は、張ったばかりの新品がもったいなくて、ビニールを切るという発想にならなかったのです。設置コストを考えても、パイプをやられる方がはるかに高くつきます。

曲がってしまったパイプは片付けも大変です。結局その後は数週間手つかずになってしまいました。通りがかった先輩農家が見かねて、「精神衛生上良くないから、他の仕事を差し置いても片付けよう」と言って、手伝ってくれました。いろいろな意味で身に染みたし、勉強になった出来事でした。

風というのは吹き始めてしまうと、もうどうすることもできません。台風が来ると、毎年のようにベテランの農家が屋根の修理や田んぼの見回りに行って命を落とす事故が起きています。気になるのが人情ですが、一度来てしまったら、去るまではじっと待つしかないのです。事前に対策していないと、ひどい目に合います。

大風の最中に「お宅の不織布が飛んできて困っている。何とかしてくれ」という電話をもらったことがあります。それも、直接ではなくお世話になっている知り合い経由で。駆けつけるよりほかありません。立っていられないような風の中、散乱している資材を片付けるのは至難の業です。不織布シートというのは、たかだか2ｍの幅のごく軽い布ですが、風をはらむとヨットの帆のように強力です。この時は体ごと車道に吹っ飛ばされました。風で剥がれて作物がダメになるだけなら自分が我慢すればいいことですが、人に迷惑をかけているとなると危険を冒してでも行かざるを得ません。そうならないためにも、ふだんからきっちり対策しておかなければいけないのです。

迷惑の最たるものが電線です。台風が近づくと、東京電力のパトロール隊が、飛びそうな被覆資材をチェックして廻っています。畑にいると、近づいてきて、ヒラヒラしている資材を留めてくれと言ってきます。こちらもほかのことで忙しいので、あのくらいなら飛ばないから大丈夫だ、と言うと、「もし飛んで、電線に絡んでショートを起こすと、何万軒も停電するかもしれない。そうなったら責任を取れるのか？」と凄まれました。責任なんか取れるわけがありません。泣く泣く回収しました。最近では腕も上がって、ちょっとの風ではモノを飛ばさなくなりましたが、東京電力のパトロール車には近づかないようにしています。

大風から作物を守る方法がないかというと、そんなことはありません。お金さえかければ、方法はいくらでもあります。費用回収が大変なだけです。そもそも栽培とは、目的に対する合理的なアプローチを考え、置かれている条件の下で、持っている経営資源をどう配分するか、というゲームです。費用対効果を考えた時、１００年に1度の台風に耐えられる強度の建物を建ててしまうのは、明らかにオーバースペックでしょう。台風頻発地帯の九州南部では、夏場は屋根を剥がしてしまって台風をやり過ごすことさえあります。ハナから戦わない戦法もありなのです。「自然は大変」と嘆くのではなく、避けられないリスクをどうヘッジするかが腕の見せどころです。

何かとやっかいな風ですが、必要なものでもあります。植物によっては、風がなければ花粉が運ばれず、そもそも生きていくことができません。トウモロコシなどはその代表的な例。トウモロコシの花粉は風に乗って数百メートルも飛ぶと言われています。無風のビニールハウスの中でトウモロコシを育てる場合は、ブロワーで風を送るなどして、人工的に花粉を飛ばさなければなりません。

また、風が当たることで、作物の茎ががっちりして強くなるということもあります。僕が露地栽培にこだわるのはまさにこの理由。被覆をする場合も、途中で剥がしてわざと風に当てて、がっちりさせるのが好きです。

風通しも生育に大事な要素です。高温多湿な日本は、植物の病気が多く、中でもカビ系の病気は星の数ほどあります。風の通り道を確保して、湿気がこもらないようにするのも栽培の上で重要な手段です。冬になると必ずつくる切り干し大根も、からっ風が吹かないと美味しくなりません。

僕はなぜか、農業を始めた頃から風には特別な思い入れがあります。

久松農園ロゴマーク

年の瀬。たくさんの種類の冬野菜が力強く育っている畑で、きりっと冷たい風に吹かれているとき、ああ、この仕事をやっていて良かったと、深い充実感を覚えます。風に混じる土や野菜の香りは、官能的ですらあります。小説などで、「豊かな風」と表現されるのはこういうものなのだろうと思う瞬間です。生きていく上で、必要なものだけれど、時には牙を剥く。自由をもたらしてくれる一方で、コントロールはできないもの。それが僕の風のイメージです。

So Let the wind blow
風の中を生きていたい　頬を膨らませ
さあ　僕を縛る全てのもの吹き飛ばしながら

山下達郎「Blow」

風は農園の根っこにある大切なもの。ヴィジュアルデザイナー川村泉さんの手になる久松農園のロゴマークは、風という漢字の古代文字をモチーフにしています。

降るものと降りるもの

作物が短時間でやられてしまうものとしては、大風の他に雹《ひょう》があります。ここ茨城南部では、季節の変わり目の4月から5月にかけて、突然雹が降ることがあります。この時期、地面付近は暖まっても、上空には冬のように冷たい空気がやってきます。上空に寒気がある状態で積乱雲が発達すると、雷雨や降雹が起きます。普通は雲の中で氷のつぶが発生しても、落ちてくる間にとけて雨に変わるのですが、一定以上大きくなった氷のつぶは、とけきらずに氷のまま落ちてきます。これが雹の正体です。畑で作業をしていると、遠くでゴロゴロ言っていたかと思うと、見る見るうちに空が真っ暗になり、突然雹が降ってきます。我慢できないくらい痛いので、大急ぎで避難です。

たいていは5㎜以下のあられ程度のものが20～30分降って終わりますが、10年に一度くらい、大粒の雹が降ります。最近だと2012年の5月6日にすごいのが降りました。家の中に逃げ込んだのですが、大きいものでピンポン球くらいの氷の塊が地面で跳ねているのが確認できました。一時は地面も真っ白になり、外に出るのが危険なほどでした。

降雹の時はたいてい突風も吹きます。キヌサヤえんどう、小松菜、ほうれん草などの葉物類は穴が空き、引きちぎられてメチャクチャになります。幸い、ウチは有機農業なので、防虫のために作物をネットで覆っていることが多く、全ての作物がやられることは少ないのですが、裸でつくっている一般の農業者の畑は全滅することも。12年はレタスの産地などに大きな被害が出ました。この日はつくば市の、我が家からわずか10㎞ほどの場所で竜巻が発生して、町に甚大な被害が出ました。大気がいかに不安定だったかが分かります。

冬になると避けられないのが霜。土浦では、11月上中旬に初霜が降ります。風のない朝、畑に行くと、冷たい空気がピンと張り詰めています。夏の間ざわざわしていた畑が秋にかけて徐々に落ち着き、霜がやってくるころには静寂に包まれる。そんな感じです。

「小松菜は霜を被ってから食え」と言われるくらい、霜に当たると野菜の味が良くなります。どんなものでもするすると伸びてしまう夏場と違い、冬は生育もじっくり。時間をかけて育ちながら、寒さに当たって味が凝縮されていくのです。霜が降りるのは無風で晴れた朝。前の日、キレイな夕焼けのなか、地下足袋で畑を歩いていると、足の指先がジンジン冷える。そんな前兆があったりします。

霜に当たると野菜が甘くなるのは、化学の言葉でいえば「凝固点降下」のためです。凝固点降下は、水の中に不純物が溶け込むと、凍結温度が下がる現象です。純水は0℃で凍りますが、

塩や砂糖を溶かすと、0℃より低い温度にならないと凍らなくなります。25%の食塩水ではなんとマイナス22℃にならないと凍らないそうです。真水だと全体がガチッと凍ってしまいますが、不純物があるとその部分が凍らないので、まだらに凍っていく。シャーベット状になるということです。

植物の細胞の中身はほとんど水。寒さから身を守るため、体内の糖分を増やしてガチッと凍るのを防いでいるのです。

このメカニズムのおかげで、11月から12月にかけて、野菜の味はみるみる良くなります。真冬のキャベツは、葉肉が厚い品種を選んで、寒さにじっくり当てて味を凝縮させます。

キャベツというと千切りをイメージする方も多いでしょうが、これは日本独特の食べ方。キャベツをこれほど生で食べる国は、世界的にも珍しいのです。

原産地のヨーロッパでは煮込み料理が多く、お肉などとグズグズに煮込んでダシを出し、スープごといただくのが冬のキャベツの美味しい食べ方です。12月から1月のキャベツを豚バラと一緒に蒸し煮にすると、塩だけでもビックリするくらい美味しく食べられます。ロールキャベツなんかも最高です。

甘さならほうれん草も負けていません。ハウス栽培のヒョロッとしたほうれん草しか見たことがない人も多いと思いますが、葉肉をしっかり厚めに育てた冬のほうれん草を霜に当てたときの味の深さといったら！

最近では、ちぢみほうれん草という甘みの強い品種が出回ってきています。しかし、味の深い品種を露地で霜に当てた時の、複雑で濃厚な旨みを知ってしまうと、甘いだけのちぢみほうれん草では物足りなく感じます。

「おっつける」力

霜に当たるのもいいことばかりではありません。凍ったり溶けたりを繰り返すうちに、傷みが出てくるからです。太平洋側の冬場は乾燥も強いので、水分も奪われていきます。茨城では、2月になると野菜の表面は徐々に霜枯れ、味はいいものの見栄えはかわいそうになってきます。

同じ関東でも、暖かい地域ではそういうことは起きません。そんな場所では、真冬でもキャベツがピカピカ。その分、味の乗りという点では少し物足りなかったりします。

霜がいつ来るかというのは、栽培暦の上で重要な要素。逆算して、いつまでに種を蒔くかが決まってくるからです。たとえば小松菜は茨城では露地で冬中採れますが、生育期間は季節によってまちまちです。冬のあいだは切らさずに採りたいので、8月から順繰りに種を蒔いていきます。気温が高いうちはおよそ30日で収穫に至りますが、どんどん大きくなってしまうので、収穫期間も4、5日しかありません。秋になって気温が下がるにつれて、大きくなるまでの日数が伸び、収穫できる期間も長くなります。気温も低く日照が短い12月半ばから1月一杯くらいは、生育がほぼ止まってしまいます。言い換えれば、秋口は5日しか採れなかった小松菜が、冬場は12月から1月までの2ヵ月以上も採れるわけです。単純計算で10倍以上の量を蒔かなければなりません。

では、そのまとめて蒔くのはいつにすべきか、これが問題です。早すぎると、生育が止まる時期より前にできてしまって、12月には大きくなり過ぎてしまうし、遅すぎると、小さすぎて2月にならないと採れません。10月の半ば頃が播種時期なのですが、年によって気候が動くので、天気を読みながら判断することになります。リスクヘッジも含めて、前後で多めに蒔いておく必要があります。この、まとめて蒔く日は、地域によってかなり異なります。南北に10

0㎞ある茨城県では、北と南で小松菜の最終播種日が2週間以上違います。10㎞ちょっと北に行った隣町ですら、微妙に違うのです。隣村の明治期の記録に、「9月10日には他の仕事を投げ打って、家族総出で大根の種を蒔いた」とあるのを見たことがあります。当時は種蒔きにひと冬の生活がかかっていたのです。

今でも、教科書で種蒔きの日を調べても「温暖地では○月下旬」くらいの大ざっぱな数字しか出ていないので、このあたりはデータを取って自分の地域にチューニングしていくしかありません。何月何日に蒔いた物がいつ採れたか、という記録を5年くらい取っていくと、おおよその傾向がつかめ、大きくは外さなくなります。

また、天気はしばしば予想に反した動きをするので、うまくいかなかったときの対処も重要になります。「それなりに何とかする」ことを茨城では「おっつける」と言います。旬の時期の露地栽培というのは、ベースの技術が非常にシンプルなので、キャリアを重ねても飛躍的なイノベーションは望めませんが、良くないときにそれなりに何とかする＝おっつける技術は、年々深まっていきます。ドライバーの飛距離が伸ばせなくても、アプローチショットを磨くことでゴルフ全体の精度は上げていけるのと同じです。

三分の人事、七分の天

「いろいろ言っているけど、要するに天気に左右される仕事じゃないか」

そう思われるかもしれません。その通りです。日照りの時は涙を流し、寒さの夏はおろおろ歩く。賢治の時代からほとんど変わっていません。

ではそれが不幸かというと、そうは思いません。確かに、自然は残酷です。種蒔きから4ヵ月も丹精したナスが、収穫開始早々に季節外れの台風でボロボロにされた日には「何か悪いことをしたか？　一生懸命働いてるじゃないか！」と天に悪態をつきたくもなります。自然は時に不条理な災いをもたらします。

しかし、一歩引いて冷静に考えてみると、「一生懸命」かどうかなど、100％こっちの都合なのです。そんなこととは無関係に、台風はみなに平等に、公平にやってきます。マジメにやっているから、こいつは見逃してやろう、というような意思は働かないのが自然の良さだと思うのです。

昔話の中には『笠地蔵』のように、働き者が神様に助けられる物語が見受けられます。願望としては理解しますが、あの手のものは教育的ではあるけれども、自然の本質を理解していない話だと思っています。自然は人を選んだりしません。同じ人に対しても菩薩にもなれば、不動にもなります。そこに意思はありません。

「こいつはいいやつだから取り立ててやろう」というのは人間のやることです。そんな例は会社員時代にたくさん見ました。人事ってずいぶん浪花節なんだな、と思ったものです。逆に上司から嫌われた部下は、理不尽な目に合います。自然はそういうことを一切しません。自然は不条理だけれども、理不尽ではないのです。そして僕は、理不尽なことより、不条理なことの方が受け入れられるのです。

他方で、自然災害には対策が可能です。２０１３年は関東甲信越が大雪に見舞われました。なかでも埼玉や山梨は１００年に1度といわれるほどの降雪量で、農業に甚大な被害が出ました。地域によってはほとんどのビニールハウスが潰れてしまいましたが、そんななかでも夜通し雪かきをして、自分のハウスを守った人もいます。そういう人は、その時に限ってたまたま頑張ったわけではなく、「備え」の気持ちを持っていたのだと思います。「小さい農家だからできたんだろう」と言うことは簡単です。それでも、生まれて初めての規模の雪に対処できる冷静な判断と技術に、僕は感銘を受けます。

「三分の人事、七分の天」という言葉があります。一般には、「人事を尽くして天命を待つ」が広く使われていますが、その響きからは、人間が努力すれば概ね何でも実現できるという奢りを感じ、あまり好きではありません。農業をやっている自分には、リアリティがないのです。

圧倒的な自然の力の前には、どんなに高度な技術を駆使した植物工場も、バベルの塔にしか見えません。

では、神への挑戦は許されないのかというと、そんなことは全くありません。工夫の余地はあるのです。天災を避けることはできないが、準備はできる。負けることも多いが、合理的なアプローチをしていれば、勝つこともある。結果ではなく、プロセスの自由度が担保されていることが重要なのです。相手が台風であっても、戦いようがある。それが僕には、たまらなく魅力的です。

「農業は天候に左右されて大変でしょう」という人は、「どんなに頑張っても人事が三分しかないなんてバカバカしい」と思っているのかも知れません。でも三割しか関与できないからこそ、そこだけはパーフェクトに持っていこう。そう思えた時、農業は知的でやりがいのある仕事として輝き出すのです。結果が不安定だから、税金で補償しましょうなどという考えは、ものづくりの豊かさを軽視している証です。そんな考えの下で、創造的なチャレンジ精神など育つはずがない、と僕は思います。

「まずい自然食」を食べたから「自然食はまずい」

有機農家の方ってふだんは何を召し上がっているんですか？　と聞かれることがあります。若い時分は、「そんなことどうでもいいだろう。俺は野菜を売っているんであって、自分の生活を切り売りしているわけじゃない！」と反発していましたが、今では、そう聞きたいのも当然かな、と思ってお答えするようにしています。

旬の野菜が一年を通していつもあるので、我が家では野菜を買うことがほとんどありません。自分では作っていないショウガやレンコン、果物類は知り合いや生協から買っています。今では米は作っていませんが、こちらも知り合いから譲ってもらえるので、困ることはありません。お肉は畜産農家から直接購入している豚肉が中心です。その他の調味料や乾物などは、生協やスーパーで普通に購入します。

有機農家だからといって食生活に特別な考えは持っていませんが、結果的に野菜の多い、健康的な食事になっています。妻が料理上手なせいもあって、我が家のご飯が一番美味しく、飽きません。外食も普通にします。ハンバーガーでもラーメンでも普通に食べます。最近は講演などで外出も多い生活ですが、時間がないときはコンビニのおにぎりによくお世話になります。

二人の娘たちは好き嫌いがほとんどなく、何でもよく食べます。巷では、子供が野菜を食べなくて困っている、という話をよく聞きますが、そういう悩みは全くといっていいほどありません。畑から勝手に野菜を採ってかぶりついたりしています。余談ですが、見慣れているせいか、二人とも虫を全く怖がりません。畑で捕まえた虫を保育園に持ち込んで大騒ぎになったりしています。

自分が作っている野菜を、意識して家族に食べてもらおうとしていないので、つい家に持ち返るのを忘れる品目もあります。仕事では毎日畑の動向をチェックし、「○○がいい状態です！」という情報を取引先に発信しているのに、出荷が始まって何ヵ月も経ってから、「大浦ごぼうがあるそうだけど、ウチには来ないの？」と妻に聞かれたりします。「あ、言ってなかったっけ？」「フェイスブックで見た」という漫画のような会話が交わされています。

むしろ、ビジネスマンとして都会に住んでいた頃の方が、食べ物にこだわりを持っていました。宅配有機野菜サービスも利用していました。最初は「大地を守る会」から、次に「らでぃっしゅぼーや」から買うようになりました。初めて宅配野菜を取り寄せたときは、根菜の味の濃さにびっくりしたものです。

いわゆる自然食にも興味を持ち、やれマクロビオティックだ、ベジタリアン食だ、雑穀食だ、とハマっていた時期もありました。90年代は、環境問題に注目が集まるなか、食のあり方にも関心が高まった時代でもあります。都市生活者は、食べものを他者に依存している分、根っこからの不安にも陥りやすいのです。僕もその一人でした。農業にも関心を持ったきっかけのひとつも、食べ物のことでした。

そういう問題意識から入ったので、食を楽しむというよりも、どこか肩に力の入った、素直さに欠ける食生活でした。「普通の食生活は間違っている。正しい食事を心がけねば」と考えていたふしもあります。肉はできるだけ食べるべきではない、とか、砂糖は体に悪い、とか。今思うと頭でっかちで、頑なです。

一方で、実際にそういう食生活を実践する中で疑問に思ったこともあります。たとえば、「玄米って美味しいのと美味しくないのがあるなぁ」ということ。子供の頃から普通に食べていた茨城の祖父母のお米が美味しかったので、それが当たり前だとずっと思っていました。米の味を意識する機会が社会人になるまでなかったのです。

関心を持ったその頃の僕にとって有機玄米は「正しい米」で、「美味しくなければいけないもの」でした。職場で「玄米を食べている」などと言うと、50～60代の人は皆顔をしかめて「玄米はまずい！」と返してきました。「あんな美味しくないものを喜んで食べるなんて、自然食というのはよほど偏った考えに違いない」と心を閉ざされてしまいました。自分は自然食信奉派だったので、「ふん、分からず屋どもが！」くらいに思っていました。

しかし、同時に、確かに素直に美味しいと思えないときがある、と少し我に返ります。やがて、有機のお米でもモノによってずいぶん違うということが分かってきました。玄米であるかどうかよりも、米そのもののバラツキの方が大きいじゃんか、と。なるほど、玄米かどうかではなく、「まずい」という人たちが食べたのは、まずい米だったんだな、と。炊き方ひとつとっても、玄米は水を吸いにくいので、水加減を誤るとパサパサして食べにくいのです。もともと美味しくない玄米を間違った炊き方で食べようものなら、悲惨なことになります。「玄米だからまずかった」わけではないのでしょうが、体験と先入観が結びついてしまうのは無理からぬことでしょう。

このように、体験した出来事を、誤った原因に結びつけて受け取ってしまうのは、誰にでもよくあることです。因果関係と相関関係の混同です。たとえば「毎朝ご飯を食べている子の方が平均して成績がいい」というデータがあったとします。この時、「朝ご飯を食べることで成績が上がる」という受け取り方をする人がいますが、これは誤りです。偶然なのかもしれませんし、「そもそも毎食をしっかり食べるような規則正しい生活を送るだけの余裕がある家庭だからこそ、子どもの勉強にも手間をかけられる」ということかもしれません。生活習慣の中で朝ご飯だけが成績に直結しているかどうかは「朝食と成績」のデータだけでは分かりません。AとBの2つの事柄に相関関係があるということと、「AだからBである」という因果関係が成立することは、まったく別の話です。

「玄米《だから》まずい」

「有機《だから》美味しい」

どちらも誤った因果関係の立て方の例です。物事をロジカルに捉える訓練ができていれば、直感的に「?」が浮かぶ類いのものでしょう。一部の健康食品や民間療法には、こういうテクニックを意図的に利用する人もいるので注意が必要です。基本的には騙される方が悪いと僕は思っていますが、僕が大事にしている「有機農業」の価値はこんなところにはないので、折にふれて言及するようにしています。

僕自身、「自然食だから美味しくて体にいい」「有機野菜だから美味しくて環境にもいい」と信じて食生活を変えてみたものの、どうもしっくりこない、というモヤモヤを抱えたまま、農業の世界に入っていきました。そこで本当の美味しさに出会い、長年の疑問が氷解したというのが僕のたどった道です。

季節と生きる

農家の食卓が皆野菜であふれているかといえば、そうではありません。茨城の研修先の農家では、外で買ってきた野菜や漬け物もたくさん食べていて、自分の家で食べる野菜はできるだけ自分で作ろう、という意識は特にありませんでした。三世代が同居する家で、世代によって食の好みが分かれていたので、折衷案だったのかもしれません。それでも、お米はふんだんにあって美味しいし、もらいものの野菜も大量にあるので、食材に困るということはありません。僕も研修中は、食生活の豊かさに感激しました。トマトのシーズンなどはたくさん余るので、毎日食べきれないほどもらっていました。

今も周りの米農家を見ると、お婆ちゃんが自家用に少し野菜をつくっている、という家も多いです。ただ、腕と熱意の差にバラツキがあるので、あまり美味しそうではない野菜も見受けられます。「農家は皆野菜の味にこだわっている」というわけではないのです。

タネ屋さんで農家の話を聞いていても、その一端が窺えます。

「大根の品種は何がいいんだ?」

「自分で食うのか?」

「んだ。余ったら少し直売所さ出すべ」

「他の人はこれつくってるけどな」

そこで勧められている品種は、味の面からすると「うーん、どうだろう」というものだったりします。形状や収量は気にしなくていいんだから、もっと美味しい品種を使えばいいのにと思いますが、品質そのものにこだわっている様子もありません。家庭菜園のお客さんに対しても、タネ屋が同じようなリコメンドをしていて、首をかしげたくなる場合もあります。

先に述べたとおり、生鮮野菜の美味しさを決める要素は、栽培時期（旬）・品種・鮮度の3つです。その野菜に合った季節に、美味しい品種を育て、採り立てを食べれば、たいてい美味い。そのことに農業関係者も皆うすうす気づいてはいても、共通認識までにはなっていない、というのが現状です。自家用野菜や家庭菜園は、旬の時期に作ることがほとんど。つまり、もともと栽培時期と鮮度はばっちりなのです。あとは美味しい品種を選ぶだけ。タネ屋さんにはそういうアドバイスをしてもらいたいところですが、現実はなかなか……。

スーパーの店頭で見栄えがするような色の濃いほうれん草品種や、店頭で何日もピカピカさせるための皮の硬いなすの品種などは、自家用には不要だし、不向き。でも、実際には農家自身がそういう美味しくない品種を作って食べているケースも多いのです。農家がみんな美味しい野菜を食べている、というのは、都会人の幻想です。

僕の場合は、ふだん食べているものが美味しいだけに、外食で野菜や米に感動することはまれです。メインの肉や魚が美味しいときほど、野菜が美味しくないと興ざめします。「そこ、手抜くなよー。野菜代なんていくらでもねーだろ」と思ってしまうのです。もっとも、すでに述べたように農家でも栽培のどの要素が美味しさに寄与しているのか意識していない人もいる

のですから、飲食店だけを責めるのは酷かもしれません。逆に、お店で美味しい野菜に当たると、得した気分になります。

もっとも、感動することが少ないというだけで、まずいというほどでもありません。ここが食べ物の難しいところ。今の日本で、とりたてて問題にするほどまずいものなんてそうそうないのです。でも、「お！」とはならない。「まずくはない」と「お！」の差が、小さいようで大きい。そのギャップを埋めるのが、小さくて強い農業の役目です。

一方、家で食べる野菜は買わないので、畑で採れる旬の時期にしか食べません。一般の人が一年中食べているトマトが採れるのは、6月半ばから8月までの2ヵ月だけ。もう15年も農業をしていますが、6月に、赤く色づいた初物のトマトを発見してかぶりつく喜びは格別です。お盆過ぎにトマトが終わるのは毎回寂しいですが、もう嫌というほど食べているし、他に食べるものは一杯あるので、買うほどではありません。他で買うことに抵抗はないのですが、そこまでして食べたくもない、というのが本音です。

その分、ふと魔が差して買ってみて、美味しくなかった時のダメージも大きくなります。「どうして来年まで待てなかったんだ、俺」と。

「体にいいから」で好きになるはずがない

話は少し逸れますが、世間での野菜の食べ方、あるいは食べさせ方について思うところがあります。多くの人が「野菜は美味しいから食べる」という素直さを失っている気がするのです。親や教師は皆、子供に野菜を食べて欲しいと思っているはずです。食育という言葉が流行っているのもその表れでしょう。たとえば給食。子供の通う小学校に行くと、「残さず食べましょう」という標語が教室に貼ってあります。

僕は給食にはそれほどいい思い出がありません。おいしくて楽しい時間だったという記憶があまりないのです。覚えていることといえば、小学3年の時に卵焼きが苦手でどうしても食べられなくて、昼休みに居残りで食べさせられたこと。ヒステリックな女性の先生ににらまれ

て、給食の前でうつむいていた何十分間。あれはつらかったです。どこの学校でもクラスに何人か、早食いの男の子がいます。毎回給食をペロリと平らげて、休みの子の分のパンや牛乳も奪うように食べるちょっと太った子。模範生徒として褒められていました。僕は好き嫌いは少ない方ですが、たまに食べられないものがあって先生に怒られると、悪いことをしているような気がして落ち込んだものです。

詳しくは覚えていないのですが、その頃の給食というのは、そもそもあまり美味しくなかったと思うのです。栄養を考えた献立であることは否定しません。一方で、大人の日常で、何百人、何千人が同じメニューを「美味しい美味しい」といって食べるということはまずありません。子供だって、たまに嫌いな物があって残すのは悪いことではないでしょう。今では、何でもバクバク食べる子というのは、要するに味に鈍感な子だったのではないか、とさえ思いたくなります。

食べたくても食べられないものを、居残りで食べさせて何か意味があるでしょうか？　そんなやり方をしたら、学校を出たらこんなものもう二度と食べないぞ、と思うほうが普通でしょう。現に僕は、好きな物は何一つ覚えていないのに、嫌いだった卵焼きの焦げ臭さと先生の顔は、今でもなんとなく覚えています。

これは給食に限った話ではありません。好きになれないものを、「体にいいから」「栄養価が高いから」と言って子供に食べさせるのは、野菜を食べて欲しい側の大人にとっても良策だとは思えません。多くの農家は基本的においしい野菜をつくりたいと思っています。野菜が苦手な子供に、お母さんが「つくってくれた農家の方に悪いから我慢して食べなさい！」と言うのを聞いて、喜ぶ農家はあまりいません。「うちの子は野菜が苦手なので、細かく刻んでハンバーグに刻んで食べさせちゃいます」と自慢げに語るお母さんに苦笑した経験もあります。そもそも楽しめない食事って何なんだろう、と思うのです。

味覚コンサルタントの菅慎太郎さんによれば、子供が、食べたことのないものを口に入れたがらないのは、生き物としての本能だそうです。「食べる」という行為は、異物を体内に取り込むのだから、そもそも心理的ハードルがとても高い。だからヒトは、それを食べる前に「安全確認」を働かせる機能を持っている。初めて目にした食べ物を、よく見たり、よく嗅いだりするのは、これまで食べたことのあるものとの類似性を見出そうとしているのです。そうやって「味覚」を獲得していく過程は非常に重要です。その過程で、無理やり食べさせたり怒ったりすれば、マイナスの印象が強く残ってしまいます。

「栄養が偏るから何でも我慢して食べなさい」「もったいないから残すのはやめなさい」という類いの食べ方を、菅さんは「左脳的」食べ方と呼びます。このやり方では効果が長く続きません。「これ、おいしい！」というのが「右脳的」食べ方。右脳的な食べ方の方が、教育効果としてははるかに大きいのです。良策ではない、という意味がお分かりいただけたでしょうか。

これは何も子供に限った話ではありません。「無農薬野菜だから安全・安心」「ビタミン10倍の機能性野菜」というような、「左脳的な」食べ方をしている人がどんなに多いことでしょう。野菜をおいしく食べてもらいたい農業者の立場として、僕はそういう打ち出し方はしたくありません。「左脳」におしつけるやり方では、食欲に結びつかないのです。

野菜も、思わず食べたいと欲する「食い気」で考えて欲しい。自分の野菜のキャッチフレーズに使っている「エロうま」は、それを表現するひとつの方法です。

「顔が見える関係」の距離

栽培計画を立て、種を蒔き、苗を植え、天候にヒヤヒヤしながら収穫を迎える。ホッとしたのもつかの間、出荷に追われ、あっという間に今シーズンの作が終わる。これを作っている野菜の全てについてやっているのが、僕たちの日常です。全てが順調という年はありません。むしろ、思うようにいかないことだらけです。食べてみて美味しくなかったときのがっかり度はとても大きい。そんなときは、仲間に様子を聞きまくり、やっぱり出来がよくないと聞くと、天候のせいだとホッとする。逆に、よそではできていると聞くと、腕の悪さに落ち込む。そんなことを一年中繰り返しているのです。

宮澤賢治の「雨ニモマケズ」の中の一節、

ヒドリノトキハナミダヲナガシ
サムサノナツハオロオロアルキ

は、こういう気持ちを詠ったのでしょう。

野菜をお客さんに販売することで、こういう気持ちを野菜と共に伝えられれば、と思っています。実際には、いいことも悪いことも、自然に伝わってしまうと言った方がいいでしょう。だからお客さんも喜んだり、がっかりしたりする。美味しかった、と言われるともちろん嬉しいですが、出来を褒められたというだけではなく、収穫の喜びを共有できたという気持ちもあります。出来が悪かった時に美味しくないと言われると、もちろん「ごめんなさい」なのですが、作った自分たちも、お客さんと同じように残念だ、というのが正直な気持ちです。

僕の考える「顔が見える関係」というのは、野菜のパッケージに顔写真が載っていることでも、ICタグで栽培工程が追跡できることでもなく、良くも悪くもモノの背後に人が見えることです。「お客さんと生産者なのだから、そういう態度はプロとしておかしい」という声も聞きますが、そう思うお客さんは、自然に離れていきます。それがビジネスとしていいことなのかは僕には分かりません。が、コンプライアンス重視でやたらに予防線を張ることよりも、何かあったときには直接謝れる範囲でやる方が好きです。嘘や背伸びは長続きしません。

こんなことがありました。知り合いの編集者は、料理もする方で、大の野菜好き。初めてお会いしたとき、野菜の話で盛り上がり、じゃあ一度お送りしますよ、という話になりました。食べてもらった感想は、「どの野菜もとても美味しく、ふだんデパートで買う物とずいぶん違った。しかし、あらためて考えると、そもそもふだんは『せっかく送ってもらった野菜だから、こんな料理がいいだろうか』と考えを巡らせたりはしない」。確かに、僕たちのお客さんは「さぁ、来たぞ。どれどれ箱を開けてみよう」とまず構える。僕たち自身も、自分でつくっているから、無意識に何となく食べるのではなく、出来はどうだろうか、と構えてから食べている。だから、美味しいときの喜びも、美味しくないときのがっかり感も大きいのです。

結婚披露宴で、新婦のお父さんが涙ながらに、「この子が赤ん坊の頃からずっと見てきたので、今日の喜びは大きい」と言うのをよく聞きます。同じように、野菜作りの全ての工程に関わっている僕らは、美味しくできたときの喜びもひとしお。お客さんがどんなに喜んでくれようと、僕たちの野菜を一番楽しんでいるのは、僕たち自身です。その喜びの一部をお客さんとシェアしたい。そういう気持ちが、僕たちの作る野菜の味に反映しているのだと思います。

時間は未来から過去へ向かって流れている

「今の久松さんが、就農時の27歳の久松さんに会ったらどう思いますか？」とスタッフに尋ねられたという話はすでにしました。その時はしばらく考えて、こう答えました。

「お前は農業に向いていないから絶対にやめた方がいい、と強く止めるだろう。もしかしたら、あまりの甘さに殴っているかもしれない。でも、当時の自分は今の自分の言葉に耳を貸さないだろう」

今の記憶を持ったまま昔に戻れたら、という願望は、誰でも持ったことがあると思います。僕も、若い頃はいつもそう思っていました。

「余計なこと言っちゃった。あの時まで戻ってやり直したい」

「あの時、あっちにヤマを張っていれば合格できたのに」

そう思う人が多いからこそ、タイムリープを扱う物語がいくつも生まれるのでしょう。僕も、中学生の頃に読んだ筒井康隆の『時をかける少女』や、手塚治虫の『ザ・クレーター』に収録されている「大あたりの季節」にすごく惹かれました。余談ですが、『時かけ』との出会いは原作よりも、中1で見た映画が先です。30年を経た今でも、「あの頃に戻れたら」などと考えるだけで原田知世の顔が浮かぶのですから、子供の時の体験の大きさは侮れません。

話が逸れました。農業を始めてからも、失敗をするたびに「あの時こうしておけば良かった、これをするんじゃなかった」とばかり考えていました。もちろん、「農業なんて始めるんじゃなかった」と思ったことだって何百回とあります。過去の失敗を思い出すのは、とてもつらいことです。悲しい、悔しい、許せない。否定的な感情が次々と湧き起こり、自分を責めます。人に話しても消えません。ひどいときには、青空が灰色に見えるほど。

日常生活にも支障をきたします。気持ちの切り替えが上手な人がうらやましい。でも、そんな人はもともと大きな失敗などしない器用な人に違いない。だんだん考えが卑屈になってきます。

これは試練なのだ。自分は試されているのだ。心に負荷をかけて乗り切らねば！　なんだか立派に聞こえますが、力の入ったしんどい考え方にとらわれていました。

そんなことを繰り返すうちに、いつしか、こう考えるようになりました。新しいことに挑戦しているからこそ、失敗するのだ。挑戦している以上、一定の率で失敗はある。少なくとも、自分は失敗のパターンにはまりやすい人間なのだから、それを受け入れないと、何も進まない。そう考えると、ちょっとだけ楽になりました。野球解説者の野村克也氏は「失敗と書いて、せいちょう（成長）と読む」と言っています。失敗は悪いことではない。それは気づき、学ぶチャンスなのだという意味です。

人間の脳は、失敗をより強く記憶するようにできているそうです。失敗は生命にとってのリスク。次に同じ場面に遭遇したときに、同じ過ちを繰り返さないように、失敗の記憶が強調されて記憶に書き込まれるらしいのです。逆に、うまくいったことに関しては、今までの行動パターンでいいのだから、脳はスルーする。成功は記憶されにくいということです。

そもそも、今日の行動を決めているのは、昨日までの記憶の積み重ねです。過去のパターンを記憶した脳が、今、何が重要で何が重要でないかを判断して、今日の選択をしているわけです。厳しい生存競争を勝ち抜くために、マイナスの出来事が増幅されて書き込まれるようにできているのが、ヒトという生き物の性質です。嬉しいことはすぐ忘れるけど、嫌なことほど忘れにくい。何と因果な生き物でしょう。であれば、大げさに強調された過去のことで悩んでいるのは、あまり合理的ではないということです。「ハイ、次」とばかりに、忘れてしまうのが正しい対処法です。

ニューヨーク・ヤンキース時代の松井秀喜選手が、左手首を骨折する大怪我をしたことがあります。記者から心境を尋ねられた彼は、「過去はコントロールできない。未来のコントロールをめざすことが大事でしょう」と答えていました。とても感動したのを覚えています。松井ほどの選手でも、忘れるように努力しないと過去にとらわれてしまう。僕のような、才能もなければ努力もしていない人間が過去にこだわりやすいのは、当たり前のことだ、と思いました。

この問題は、もう少し大きく捉えると、時間というものをどう解釈するか、という問いに行き着きます。昔の僕も含め、多くの人が、過去の出来事に起因して、未来の出来事が起きていると考えています。「あの時に彼がこう言ったから、私は傷ついた」つまり、時間は過去から未来に向かって流れているという考え方です。

しかし、さらに原因を追及していくとどうなるか。「僕があぁ言ったのは、その前の日に君が僕との約束を破ったからじゃないか」と彼は言うかもしれません。でもそれも、「そもそもあなたが私の誕生日を忘れていたから……」。さらには、そもそも彼が生まれたことが、前世がどうこう、というヤヤコシイ話になって、終わりがありません。そんな理屈で「祖先の供養のために壺を買いなさい」などという怪しい商法が存在することは、ご存じの通りです。

このような考え方を根本から否定したのが釈迦です。釈迦によれば、そもそも、ものごとの因果を考えることに意味がない。今起きていることは、いろいろな縁が重なって、たまたまその状態にあるだけである。そして、時間は未来から過去に向かって流れている。未来は時間が経つと現在になり、現在は過去になり、過去はさらに過去に遠ざかっていく。だから、過去のことは放っておけばいいのだ、と。

子供が風邪を引いて熱を出したときは、「ほら、言ったでしょ。ちゃんと寝ないから!」と言ってしまいがちです。が、熱で苦しんでいる本人からすると、「それは、今言っても仕方ないじゃん!」ということになります。責めたところで、熱が下がるわけじゃないんだから、今はただ優しくして、熱が下がることに協力してくれよ、と。同じように、あらゆる場面において原因を追求することに意味はない、というのが釈迦の教えです。

「一体何の話だ?」と思われた方、僕はここで仏教の講義をしようというのではありません。この考え方が実践できているわけでもありません。ただ、そういう考えを知っていることで、現在そして未来に対しての考え方が変わる。少なくとも前向きになれる、と僕は考えているのです。

足元に橋はある

話を27歳の自分に戻しましょう。若者が「農業をやりたい」などと言った日には、周りから必ずこう言われます。

「なんでまた農業なんか？」

今の僕でも、27歳の自分に会ったら、そう言ってしまうかもしれません。

でも、27歳の僕は、それを聞き入れない。うまく行く自信があるからではない。ただ、やりたいからです。やってみなきゃ分からない。

でも当時の自分は、そこまでシンプルには言い切れませんでした。むしろ農業を始めることの正統性を説明しようと、やっきになって理論武装していました。だから「地球が」とか「今の社会は」とか大上段の話になってしまった。でも、本当はそんな理屈は後付けです。体の中から湧き上がる気持ちが抑えられないだけだったのです。

英語にpassionという単語があります。情熱や情念という意味です。能動的で積極的なニュアンスに聞こえますが、「受動的、受け身」という意味のpassiveと語源は一緒。つまりパッションとは、逃れられないもの、どうしてもそう思ってしまうもの、という意味なのです。なぜその人と恋に落ちたのかを、言葉で説明などできないのと同様に、なぜ農業なんだと聞かれても、「農業じゃなきゃダメなんだよ」としか言いようがなかったと思います。

僕の親しい農業仲間の一人に、長野県佐久穂町の萩原紀行さんがいます。彼は大学卒業後、住宅メーカーで営業をしていましたが、どうしても農業がやりたくなって、埼玉県の農家で研修をした後、長野に移り住んで就農しました。

今では地域の若手農業者のリーダーである彼も、農業を始めるときには苦労しました。世話してくれる地元の先輩のおかげで畑は見つかったものの、住む家が見つからなかったのです。田舎には賃貸住宅がないので、空き家を探すしかありません。もともと物件そのものが少ないですし、貸す側にもメリットがないため、ツテのない移住者にとっては、家を借りるのはとてもハードルが高いのです。すぐには難しいよ、と諭されても、農業への夢をあきらめられない彼は、ついに先輩の元へ出向いて、こう頼み込みます。

「僕、屋根だけあればいいですから」

そのひたむきさに先輩も心を動かされ、面識のない人に頭を下げて家を探してくれたそうです。めでたく、彼は農業を始めることができました。

強い情熱で周りの全てを炎に巻き込む姿に尊敬と揶揄を込めて、僕は彼を「ただの炎」と呼んでいます。

新規で農業を始めるというのは、基本的に無茶なことです。成功する保証など全くない無茶な夢に家族を巻き込み、地元の人を巻き込み、たとえ体を壊しても、農業をやりたい。屋根さえあればやっちゃう。愚かな行為にしか見えません。そういう愚かな人間に、「なんで農業?」と聞くこと自体、不毛です。周りにできることはただひとつ、あきらめることなのです。

当人はバカだから不安がないかというと、そんなことはありません。本当に技術が身につくのか、きつい労働に耐えられるのか、経済的にやっていけるのか。不安で一杯だと思います。僕もそうでした。27歳の自分は、農業で生きている新規就農の先輩や既存の農家を見て、いつかはあんな風に、先行きに不安のない農業をしたい、と思いました。しかし、15年やってみて思うのは、キャリアを重ねたから、未来が見えるようになるわけではない、ということです。明日がどうなるか分からない点において、新人もベテランも同じです。

「そうは言っても、経験のない人と15年選手は違うじゃないか」という新人の反論が聞こえてきそうです。では僕から聞きます。２０１１年3月10日に、翌日何が起こるかを予測できた人はいましたか? 世界に一人でもそんな人がいたら、教えて欲しいです。

未来は誰にも予測できません。未来が予測できるということは、過去が未来を制約していることを意味します。言い換えれば、生まれつき運命が決まっているということです。僕にはそうは思えないし、そんな世界に住みたいとも思わない。やはり、未来は変えられると考えて生きていたいのです。

明日が見えないのは、27歳でも43歳でも全く同じです。だから逆に言えば、先が見えないことは、物事を始めない言い訳にはなりません。では、27歳の僕にはなくて、43歳の僕にあるものは何か。それは、見えない明日に向かって踏み出した経験の多さです。今でも、毎年初めてのことだらけ。新しいことを始めるのはもちろん不安です。でも、勇気を出して始めてみれば、たいていはなんとかなるものなのです。

映画『インディ・ジョーンズ　最後の聖戦』の中で、聖杯を取りに行くインディに、神の「3つの試練」が課されるシーンがあります。断崖絶壁の向こう岸に渡らなくてはいけないが、あるはずの橋がそこにはない。神からのヒントは「ライオンの頭から跳躍する者だけがその価値を認められる」というもの。意を決して、谷に向かって一歩を踏み出すと、そこには橋が架かっていて、足は空中に止まる、という印象的な場面です。

僕は、このシーンに共感します。橋が架かっていないように見える谷でも、勇気を出して踏み出せば滅多に落ちはしない。たまに落ちても、取り返しがつかないことにはならないことを経験的に知っている。もっと言えば、何とかなってしまった経験の積み重ねで、恐怖が麻痺しています。これはある種の職業病で、いいことかどうかは分かりません。しかし、見えない明日に踏み出すことが、今はあまり怖くないことは事実です。

先行きが明るいから行くのか
暗かったら行くのをやめるのか
やめたらいいじゃないか

むのたけじ『詞集たいまつ』(評論社)より

もしかしたら、僕のような考えはちょっとズレているのかもしれません。でも、それがものづくりの原動力であるのなら、やっかいなズレを身の内に抱えて生きていくしかありません。自分はちょっと変わっているのかもしれない、と悩んでいた若い頃、励みにした言葉をご紹介します。

足並みの合わぬ人を咎めるな
彼はあなたが聴いているのとは別の
もっと見事な太鼓のリズムに
足並みを合わせているのかもしれないのだ

ヘンリー・ソロー『森の生活』(飯田実訳、岩波文庫)

「計画」に熱くなれない

「最初の事業計画はどうやって立てたのですか?」という質問を受けることがあります。これが当初の計画です、と胸を張ってお見せできるとかっこいいのですが、残念ながらそんなものはありません。計画の類いのものは一切立てずに始めてしまいました。初年度などは、「いくら儲かったかな」と思って締めてみたら赤字だった、というくらいひどいドンブリ勘定でした。今は、スタッフを抱えていることもあり、その頃より少しはマシですが、緻密に計画を立てて実行するのは苦手です。というより、そこにあまり熱くなれない人間です。

何かを計画しても、1年後に振り返ってみると、前提となる環境も自分の考えもずいぶん変わっていることに気づきます。その時々では気づかないだけで、本当は刻一刻と自分も世界も動いているのです。だから、計画というのは、本質的に立てた瞬間から劣化・陳腐化が始まる、そういうものだと思っています。もちろん、だから計画を立てなくていいということではありません。常に修正が必要だということです。

会社員時代は、常に1年・3年・5年の計画を立てさせられました。今年、来年あたりの計画は現実的な予想をするのですが、3年後あたりからかなり「鉛筆を舐めた数字」になっていきます。しかも、部門で集計した数字が計画部の数字に合致しないと書き直されるのですから、「これって意味あるのかな」と思いながらやっていました。でも今考えれば、計画というのはもともとそんなもの。それでも道しるべとしては有効なのです。

目標というのは仮のものでいいと僕は思います。キラキラして見えるものなら、すぐに実現可能かどうかは大した問題ではない。その輝く未来に向かうために、目の前に人参をぶら下げる。曖昧な目標に向かっては走れないけど、目の前の人参に向かってなら全力で走れる。人参に向かって走って行った方向が、最初の目標からずれてきたら、目標の方を修正する。その程度のものだと思っています。

白日依山盡　　白日山に依りて尽き
黄河入海流　　黄河海に入りて流る。
欲窮千里目　　千里の目を窮めんと欲して
更上一層樓　　更に上る一層の楼。

王之渙の有名な詩です。足元を見ながら階段を一段上り、ふと顔を上げると、さっきより遠くまで見えるようになる。嬉しくなって、よし、もう一段上ってみようと思う。そんなことを繰り返している印象です。自己流の解釈ですが。

こういう場当たり的なやり方には弱さもあります。「今」に縛られやすいのです。先があると思えるなら、無理くりでもビジョンを描いて、そこに向けて投資をすべきです。就農当初から今の農園の形を予想し、そこに向けて場を整えていたら、もっとずっと早く今の経営規模になっていたことでしょう。そこに賭けて、人を巻き込む勇気が自分にはなかった。端的に言えば、未来の自分を信じられなかったということです。それが自分の実力なのですが、器の小ささを認めざるを得ません。

第五章
向いていない農家、生き残るためにＩＴを使う

データとデータの「あいだ」を見る

「ＩＴがビジネスの成否を決める」

そんな言葉をあちこちで目にするようになりました。一見、ＩＴとは最も遠いところにいるような農業者のあいだでも、当たり前のようにＩＴの活用や、インターネットを使った情報発信の重要性が話題に上ります。ここでは僕の農業とＩＴの関係について述べてみたいと思います。

僕はコンピューターにそれほど詳しい方ではありませんが、子供の頃からパソコンに触れていたので、抵抗はありませんでした。

高校の個人課題研究（卒論のようなもの）では、図書室の本をデータベース化するというテーマに取り組んだりもしました。その頃はコンピューターの能力が低かったので、検索に時間がかかりすぎて大したものはできませんでしたが、データベースというものの考え方を学べました。

社会人になった94年はウインドウズ前夜。営業の部署ではパソコンはほとんど使われていませんでした。その後、１人１台のパソコンが与えられ、文書の電子化、イントラネットの整備が進んだ時、課の担当者として社内講習を受ける機会に恵まれました。ここで教わったことは、農業者になってからもずいぶん役に立ちました。

輸出担当だったのでFAXを多用していましたが、仕事でEメールを使うようになって、一番驚いたのはその検索性の高さです。やり取りが残っていくので便利だというのはすぐに分かりましたが、検索は時間がかかるという高校時代の思い出を引きずっていた自分にとって、膨大なデータでも一瞬で全文検索できるということが画期的でした。

子供の頃からモノの整理が苦手、いわゆる「片付けられない男」です。暗記も得意ではありません。心のどこかで、そんなのは大事なことじゃないと思って、馬鹿にしているのだと思います。そんな中で、90年代後半、世の中にITが浸透していく過程は、僕にとって苦手なものを補う道具を手に入れる過程でした。

「情報整理の必要はなくなる。暗記する必要もない」

情報空間では物理的な制約がないので、分類・整理する必要がありません。情報を電子化して残せば、一瞬で全文検索できるので、データそのものを記憶する必要もない。人間は、そのデータ間にある「関連性」を考えることに集中できます。これは僕にとって、解放以外の何物でもありません。当時は、自分のなかでもこのことは理解しきれていませんでしたが、2008年に「もはや情報を整理する必要はなくなった！」と謳った野口悠紀雄氏の『超「超」整理法』が出た時に、それ見ろ！　自分は間違っていなかった、と思ったものです。『「超」整理法』

シリーズの内容は、どれも好きで実践していたことだったので、なおさら嬉しかったです。

なぜこんな話をするかというと、「苦手」とは何か、というより大きな問題につながるからです。「苦手」とか「不得意」というのは、一般には「該当する能力が世間平均よりも劣っていること」と捉えられています。でももしかしたら、それはその人にあった道具や方法論で補えるものなのかもしれない。ある分野で天才といわれている人も、その時代、その場所でたまたま主流になっている道具や方法論にフィットしているだけなのかもしれない、と思うのです。

外国語はいい例です。１９８０年代から90年代にかけて、英語ができる人、イコール仕事ができる人という風潮が世の中にありました。でもそれは、たまたま英語圏とのやり取りが多かった時代に、英語という道具でうまく意思疎通ができる人が目立っていただけだと思うのです。日本にとっての最大の貿易相手国がアメリカから中国になった時に状況は変わりましたし、実際に外国語を仕事で使うのは、労働者全体の数パーセントと言われています。そもそも、コミュニケーションの道具としての語学能力というのは、語学の価値の一部でしかありません。語学を学ぶ面白さは、異文化の吸収、物事を抽象化・相対化する手段の獲得、言語が思考の一部しか切り取れないことを確認する作業、などもっと奥深いものです。

ファイリングが上手な人が、情報整理に長けているとは必ずしもいえないし、電話口で面白いことが言える人が必ずしもいい営業マンだとはいえません。それらは、情報整理や営業活動のひとつの道具でしかない。その人の本当のクリエイティビティや個性は、もっと違う次元のものではないでしょうか。もしかしたら、10年後にはなくなっているかもしれないただのツールの習得に、皆が血眼になっているのではないでしょうか。日本のサラリーマンの生産性が上がらないのは、本質的な能力ではない部分で人を評価しているからではないか、とすら思うのです。

面倒くさいことは機械に任せる

さて、話をITに戻しましょう。ウインドウズに代表される、分かりやすいユーザーインターフェイスの普及、ブロードバンド環境の整備と共に、オタクのものだったパソコンは一気に普及、大衆化しました。僕はITを体系的に学んだことは全くありませんが、子供の頃から慣れ親しんでいたこと、サラリーマン時代に基本的なスキルを身につけていたことが幸いして、コンピューターという道具をどう使ったらいいのかの勘所が、何となく分かります。ITスキルはないけれども、ITリテラシーは少しある、という表現が正しいかもしれません。

小売をやっていると、一般に卸売より業務も煩雑で、書類も多くなります。1998年の就農当初から、書類は全て電子化して保管していました。野菜と一緒に入れるお客さん向けのニュースレター、帳簿類、栽培記録などです。紙ベースのものは分類してファイルするのが苦手なので、できるだけ最初から電子化したもので持とうとしました。検索がかけられる、ひな型化しやすい、などと書類を電子化しておくメリットはいろいろありますが、僕の場合、一番の理由は字が汚いからです。笑われるかもしれませんが、字に自信がないと、清書用ワープロとしてパソコンに頼るようになります。外に出すものは、恥ずかしいから手書きしたくない。書かないから、苦手意識が増す。さらに書かなくなる、という悪循環で、どんどん手書きから遠ざかってしまいました。

郵送も嫌いです。宛名を書くのが億劫だし、封筒だ、切手だ、と揃えるものが多いから。必然的に、お客さんともメールが中心のやり取りになりました。

後から気づいたのですが、これは結果的にお客さんを選んでいることになります。電話やFAXを主に使う人には不便で、自然に寄りつかなくなるからです。相性のいいお客さんと、よりコミュニケーションを深められることも、電子化を進める動機になりました。

ホームページを作ったらどうか、という意見は就農当初からいただきました。当時は栽培のことで頭がいっぱいで、ウェブの勉強をしてホームページを立ち上げるということに気乗りしませんでした。いい物なら売れるさ、という甘い気持ちもありました。人に頼むお金ももちろんありません。作ってもらったところで、マメに情報更新をする自信もなく、何となくそのまましていました。見かねた友人が、自分のサーバーに案内を置いてくれるというので、不承不承案内ページをつくった程度です。

営業にはもっぱら電子メールを活用していました。元々は、商売っ気抜きの活動報告のようなものを2~3ヵ月に一回発行して、友人、前職の知り合い、仕事で知り合った人に送っていました。当時は宣伝臭が恥ずかしいやら、なんとなく申し訳ないやらで、ぐずぐず言い訳しながらのメルマガでした。就農当初から、メールを配信する先は200カ所くらいありましたので、交友関係は広い方だったのかもしれません。そのうち、これもまた別の友人が、もう少し「あざとく」やれ、とアドバイスをくれました。案内ページのURLをあいだに入れる、といった基本的なことです。

メールを打つたびに、何らかの反響がありました。メールを見て直接注文をくれる人もいれば、知り合いに拡散してくれる人もいました。この拡散効果がとても効果的でした。「あ、そういえば○○さんが有機野菜に興味持ってたな」と思い出して、紹介してくれるのです。この時、「おすすめの業者がある」というのと、「友人が農業を始めてね」とでは、大きな違いです。個人的な紹介は、興味を持ってくれる率が高いのです。その効果は、ランダムに撒くチラシとは段違いでした。SNSが広まった今ではこの手のマーケティング手法は一般的ですが、当時は目新しかったので、効果も高かったのだと思います。顧客数は順調に増え、すぐに100件くらいになりました。そのほとんどが直接の知り合いか、知り合いが紹介してくれた方です。

顧客管理・売上管理は、当初からエクセルで行っていました。周りの農家はパソコンを使っていない人も多かったですが、僕には、台帳を手書きで残すという発想そのものがありませんでした。データは電子化して残しておけば、後からいかようにも加工ができます。売上データであれば、年月日、顧客名、商品名、単位、数量、単価などの項目をつくって、未加工のベタデータさえ残していけば、後で項目別に集計するのは何でもありません。請求書の発行はもちろん、誰がいつ何を買ったのか、その季節には何が売れるのか、などは簡単に見られます。当時は「サラリーマン時代に学んだことで何が役に立ちましたか?」と聞かれると、「VLOOKUP関数とピボットテーブル」と答えていました。

宅配便の送付伝票発行も、研修先に習って、あらかじめ顧客名を印字した物を顧客ごとに何十枚も在庫して、「今日は〇〇さんと□□さんと……」という具合に取り出して使っていました。やがてパソコン上で走る伝票発行アプリが配布されると、いち早く導入しました。当時は使う人が少なく、営業所の担当者にこちらが教えてあげるような状況でした。使い勝手も不十分で、よくサポートセンターに電話をして要望を出していました。当時出した要望はその後おおむね聞き入れられたので、実験台としての役割を正しく果たせたはずです。

ニッチな情報こそが価値をもつ

就農してしばらくは、茨城のインターネット環境はお寒い物でした。ブロードバンド元年と言われた2001年頃から、東京の友人は当たり前のように常時接続の環境を獲得していきましたが、こちらは指をくわえて見ているだけ。周りにはそんな話をする人すらいませんでした。田舎はやはり不利だなぁ、と思ったものです。

転機は2003年。遅いアナログ回線で、いつものように画像表示をオフにしてネットサーフィンしていると、「新治村（※久松農園所在地の旧地名）にADSLを！」というページを発見しました。びっくりして主催者に連絡を取ると、すぐに会いに行きます、との返事。ワクワクして待っていると、現れたのは何とチャリンコに乗った中学生。言葉が継げない僕に、彼は妙に大人びた口調で、ブロードバンドがいかに必要かを熱く語っていきました。その後、もう一人の大学院生が加わり、中学生の彼を会長に3人で活動することになりました。

NTTにかけ合ってみると「ADSL網は遅かれ早かれ全国に広げていく方針だが、どういう順番でやるかは総合的な判断で決める」との返答です。ならば、まずは多くの人に知ってもらおうということで、コンビニなどにポスターを張らせてもらい、署名を集めました。活動を始めてほどなく、村長が要望を聞いてくれるという話が持ち上がりました。ここぞとばかりに中学生を表に出し、学ラン姿で村長と握手している写真をネットに上げてアピールしました。結局、村長からＮＴＴに要望の電話を入れてもらい、あっさりと半年後の開通が決まりました。翌年にはヤフーＢＢも開通し、田舎にもブロードバンドが一気に拡がりました。

局舎からの距離で減衰があるし、時間帯によっては混雑があるしと、今から思えば不安定な通信環境でしたが、常時高速接続のインパクトは衝撃的。仕事そっちのけでネットを見ていたのを覚えています。調べものがある時に、まずはインターネットで、という感覚になったのもこの頃からです。メールマガジンにも写真を添付するなど、発信ということを少しずつ意識するようになりました。

今でこそ、個人法人問わず「発信力」という言葉が飛び交い、ビジネスの重要な要素になっています。しかしこれは断言できますが、２０００年代半ば頃までは、そんなことを言う人は少数派でした。一番の理由は、広報活動にお金がかかったからです。人々に広くリーチするためには、マスメディアに取り上げてもらうか、広告を買うしかなく、個人農家にはとても手が出ませんでした。インターネットには功罪ありますが、低コストで広報／宣伝活動ができるようになったという点は、零細事業者には大きな武器です。つくづくいい時代になったと思います。

ブロードバンドが開通してまもなく、ネット銀行、インターネットＦＡＸの利用を始めました。ネット銀行の魅力は、安い決済手数料もさることながら、自宅での操作が可能なことです。

就農してしばらくは、日中は農作業で一杯一杯なので、事務仕事はもっぱら夜間。そんななか、全ての取引が自宅でできるのは画期的でした。今思うと、現金の出し入れや振り込み手続きのために、わざわざ銀行の窓口に行っていたことが信じられません。過去の取引の履歴もエクセルデータに落とすことができるので、入金確認などの作業もずいぶんスムーズになりました。

２００６年にはブログを開設しました。それまでも発信したいことはいろいろありましたが、立ち上げるのも、マメに更新するのも面倒で自信がなかったので逃げていました。友人がブログを書いているのを見て、これならズボラな自分にもできそうだと思ったのが始まりでした。ブロードバンドより遥か前、90年代からインターネットで情報発信を行っていた同業者もいますので、かなり遅いスタートです。

きっかけは、その少し前に久松農園のことがテレビ番組で取り上げられた時、注文や問い合わせのほとんどがインターネット経由だったこと。ほぼ休眠状態だった知り合いの通販サイトに載せていた野菜セットに、注文が何百も殺到したのです。準備不足で、多くの注文を取り逃がしました。薄々感じてはいましたが、電話やＦＡＸの時代の終わりを痛感しました。

最初は知人を想定読者にした、趣味の日記程度のものでした。続けていくうちに、主に同業者から反響が出てきました。遠くの農業者との栽培技術談義もできて、自分の栽培にもずいぶん役に立ちました。

面白かったのは、「長靴と地下足袋はどう使い分けるべきか」といったマニアックなお題が、同業者だけでなく、一般の人にウケたことです。内容が面白ければ、直接役に立たない情報でも「芸」として成立するんだな、と嬉しくなりました。

ニッチなビジネスをやっている人間は、一部のマニアにだけウケても、自己満足に過ぎないのではないかと卑屈になりがちです。ブログが面白いからといって、そこから自分がつくっている野菜を直接食べてくれるようになるのは、一握りの人かもしれない。それでも、真剣に考え情報発信を実践していくことは、多くの人に価値あるものになるはずだ、と思えたのです。漫画家のとり・みきの言葉を借りれば、「一般性の獲得は妥協の側にではなく、マニア的こだわりの果てにこそ存在するのである」ということです。

人は誰でも、半径10ｍの人間関係に規定されてしまいがちです。「お前みたいなヘボが、何を偉そうに」という周囲の否定に屈する人の何と多いことか。僕にとってのインターネットは、今見えている身近な人の輪の外側に、真のファンがたくさんいるということを教えてくれた道具です。

情報は発信者のもとに集まる

そんなマニアックなブログを読んで、メディアの取材も来るようになりました。新聞や雑誌の記者は案外インターネットで情報収集しているんだな、と少し意外に思いました。話したことを記事にしてもらい、それを読んだ人がまたブログを読んでくれるようになる。自分を知ってくれる人の輪が少しずつ拡がるのが実感できました。やがて、講演や執筆の依頼も来るようになり、情報発信を仕事の一部としてはっきり認識するようになりました。言論人として生きているわけではありませんが、研究者やジャーナリストともお話しする機会が増えると、「しょせん俺は田舎の無責任な百姓だもんね」と居直ってはいられなくなります。プロとしての議論にも参加しなくてはいけなくなる。仕方がないから、指摘された矛盾点を自分なりによく考える。それが栽培や経営にも反映されていく。

つまり、立つステージが大きくなって、話す相手のレベルが上がるだけ、自らのレベルも上げていかざるを得ないのです。お金が欲しいだけなら、余計なことなのかもしれません。しかし僕は、仕事を通じて人間的に成長したいと思っているので、批判を苦に感じることはありません。むしろ、人との出会いや議論を通じて、人生がより面白い方向に向かうことに喜びを感じました。

現在一緒に仕事をしてくれているスタッフたち、外部から久松農園をサポートしてくれる人たち、そして野菜を買ってくれるお客さんの多くは、農業を始めてから知り合った人です。ふと、「あの人とは元々何がきっかけだっけ?」と辿ってみることがありますが、どんなに重要な出会いも、ちょっとしたご縁が元です。こちらから発信していなければ、誰とも知り合えず、事業も人生も全く違う方向に進んでいただろうと思います。

そのことを象徴する出来事があります。飲食プロデューサー、子安大輔さんとの出会いです。久松農園のブレーンであり、メンターでもある子安さんとは、東日本大震災後のプロジェクトで知り合いました。被災地支援に何かできないか、と考えていた子安さんは、ご著書『ラー油とハイボール』(新潮新書)にちなんで、被災7県の食材を使った食べるラー油を商品化し、その売り上げの一部を被災地応援ファンドに出資するというアイデアを思い立ちます。茨城の玉ねぎが欲しいと考えた彼が、農業者を知っていそうな二人の知り合いに、誰かいないか、と尋ねたところ、お二人とも僕を推薦してくれた、というのです。偶然にも、その年は玉ねぎが就農以来の大豊作で、いい具合に話が進み、それをきっかけにおつきあいさせていただいています。

いいご縁をいただいてとても嬉しいと思う反面、複雑な気持ちもあります。僕は玉ねぎ農家ではないし、地域を代表しているわけでもない、ごく零細の農業者です。探しても、そんなところにしか繋がらないなんて、茨城の他の農家はどれだけ発信していないんだよ! という思いです。農業のお寒い状況に、自分はうまいことやってやった、とは素直に喜べません。人や情報は発信する者のところに集まる、という経験的事実を、多くの農業者に知って欲しいと思います。

「君のファンを増やしなさい」への返答

世界一とも言われた日本のブログの隆盛期を経て、2010年頃からはソーシャルメディアが一気に花開きました。スマートフォンをはじめとする小型端末の普及や通信環境のインフラ整備とあいまって、個人のネットでの情報発信力が飛躍的に高まりました。ツイッター、フェイスブック、LINEといったSNSは、多くの人にとって不可欠な情報発信・収集のツールになっています。僕も最初はよく分からないまま始めましたが、今では仕事に欠かせません。

僕はもっぱらフェイスブックを使っています。好みは人それぞれですが、匿名での発言が好きではないので、ツイッターはほとんどやりません。SNSとブログの一番の違いは、構えないで書けることと、書いたことが流れていってくれること。まさしく、時間は未来から過去へと流れていることを体感させてくれるメディアです。SNSでは、「その瞬間」が上手に切り取れれば芸が成り立つ。簡単にいうと、いい写真が一枚あれば、その瞬間はコンテンツとして

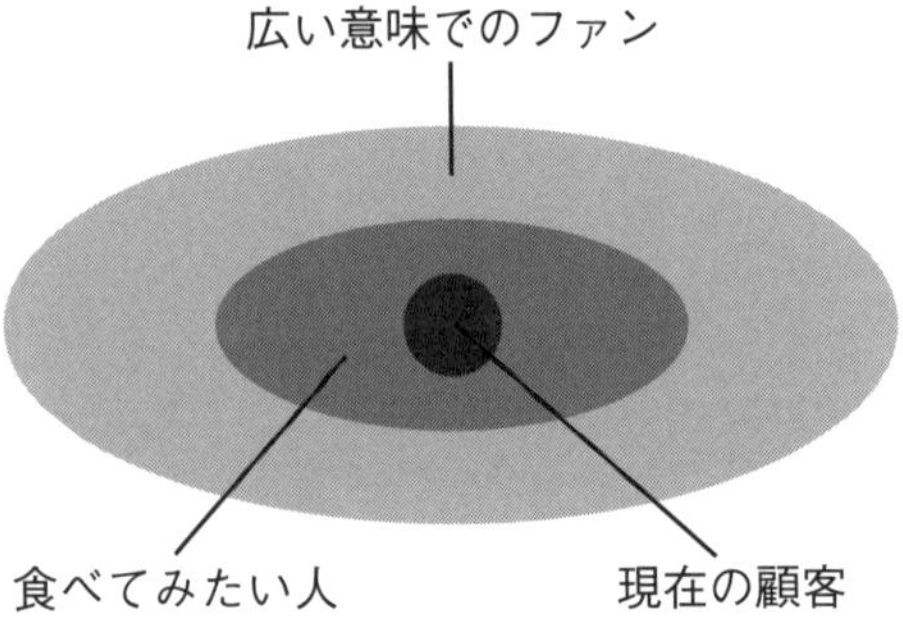

コアな顧客と潜在顧客

成立してしまうのが、SNSの一番のいいところだと思います。

SNSは、好きなことを仕事にしている個人・零細事業者に適したツールです。組織に属していると、仕事や職場のことをオープンに書ける人ばかりではないからです。いざ書くとなると、SNSでは自分という人間や、周りの人間関係を、隠そうと思っても隠しきれません。全てガラス張りなので、嘘のつきようがないのです。好きなことを仕事にしている僕たちは、公私が渾然としているので、24時間ありのままの自分です。すなわち夏目漱石のいう、公私を厳密に分けることができない「道楽的職業」。良くも悪くも「自分」を生きている人の特徴が強調されるのがSNSというメディアです。

もちろん、そこに惹かれてやってくるファンが、すぐに直接的なメリットをもたらしてくれるとは限りません。情報発信によってできあがる状況を、僕はこのような図で説明しています。久松農園の野菜を買ってくれているのは中心部のコアなお客さんです。その周りに、まだ実際に買ってはいないが、食べてみたいと思っている顧客予備軍がいます。さらにその周りに、野菜そのものに直接興味はないが、僕たちの活動に注目してくれている人たちがいます。

SNSのようなメディアは、この「直接の顧客ではないファン」を作るのに極めて有効です。それは、近頃さかんに必要性が叫ばれている「ゆるやかなネットワーク」の形成そのもの。そういう広くゆるいつながりをどれだけ持てるかが、小さくて強い農業を下支えする大きなファクターだと僕は考えています。

通信インフラの整備で、遠い人との情報交換も容易になりました。日本各地の仲間を繋いでのスカイプ意見交換会もよく行っています。「仲間」といっても会ったことがない人もたくさんいます。そんな人とも、密な意見交換ができる時代です。そして、農業のように時間的・地理的制約の大きい仕事こそ、インターネットの活用が有効です。これまで会議や勉強会をたくさんやってきましたが、最後は物理的に集まるのが大変で続けられなくなります。小さな子供がいる家では、夫婦で参加できないというデメリットもあります。

その点、オンラインでの会議は、必要最小限の時間とコストしかかかりません。ある友人は、「リアルに会うのは飲み会だけで十分」と言っているくらいです。

組みたい相手はどこにいる？

「テレビ会議がビジネスを変える」という類いの話は、僕が学生の頃から言われていました。たとえば本社とリアルタイムに密なコミュニケーションができるテレビ電話の登場で、地方に決定権限を持った人を置く必要がなくなる、という理屈です。しかし、このことが現実化するには、無料のインターネットテレビ電話の登場まで待たなければなりませんでした。安価でないと爆発的には拡がらないのだな、という感想を持ちます。

農業においても、生産者が地域ごとにまとまっている理由のひとつは、顔をつきあわせないと意思疎通ができないと思われているからです。情報交換に地理的制約がほとんどなくなった今、離れた点と点を結んだ新たな活動が可能になっています。農協などの既存の組織に縛られていない、あるいは排除されていた人たちほど、新しいツールを利用したビジネスに積極的です。ＩＴが農業を変える、というと大げさに聞こえますが、新しいツールの登場によって、これまで物理的に不可能と思われていたビジネスが可能になっているのは間違いありません。

音楽の世界では、レコード会社が著作権からアーティストの育成・管理、レコードの複製、流通までの全てをコントロールするというビジネスモデルが、長い間当たり前だと思われてきました。しかし、インターネット配信の登場で、音楽はCDなどのパッケージメディアで届けるものという前提が崩れてしまいました。これをきっかけに産業構造が変化し、音楽の作り方そのものまでもが大きく変わってきています。

農業においても、農産物の流通手段が限られていた時代には、その流通に乗るかどうかが農産物の質や量を規定していました。しかし、物流の方法、情報の届け方が多様化した今、農業生産も様々なあり方が可能になったし、むしろそれを求められてもいます。日産のCEOであるカルロス・ゴーン氏は「変わることを恐れてはならない」と言っています。ITの登場で農業に起きていることも、ポジティブな変化と捉えるべきです。

農業者も含め、地方で仕事をしている人は地理的な制約を大きく受けています。選択肢がなかったこれまでは、それが当たり前でした。僕は地域よりも、内容で組む相手を選んでいます。スタッフは県外の出身者ばかり。農産物の加工をお願いしているのは、新潟の企業。繋いでくれるのは東京のフードコーディネーター。グラフィックデザイン、ウェブ構築を担当してくれているのも、東京在住のチームです。栽培の意見交換をする同業者は、北海道から九州までそれこそ地域を選びません。時にはカリフォルニアの友人とも話します。茨城の友達の方が少ないくらいです。

レシピサイト「VegeRecipin」を一緒に作っている食のクリエイター大久保朱夏さんも、ネットで知り合い、ネットで仕事をしている仲間です。朱夏さんとは数ヶ月に一度しか会いませんが、フェイスブックで毎日見ているせいか、近所の農家よりよほど近い存在です。多くの企画が、朱夏さんとのネットでのやり取りの中で生まれています。「事件は現場で起きている」なんてセリフもありましたが、僕にとって知の現場は物理空間ではありません。

一見遠回りに見えても、面白がってくれる人とつながった方が、結果的にはうまくいくし、長続きします。地元という制約に縛られずに体制づくりをしたのは、間違っていなかったと今では確信しています。ＩＴがなければそれは不可能です。

生のデータをそのまま残す

久松農園では、日々の栽培管理にもＩＴを活用しています。農作業を記録する作業日誌は、Google Drive などのクラウド上に置いています。一人でやっていた頃は3年日誌のような手帳に書き込んでいましたが、他人と共有することができませんでした。以前、ある農場を見学に行った際、作業場の壁に貼られた大きな年間カレンダーにスタッフ全員で作業を記録しているのを見て、これだ、と思いました。すぐに取り入れましたが、どうせなら電子化しようということで、クラウドに上げることにしました。

始めてみて分かったのは、リアルな打ち合わせが少なくて済むということです。それまでは、朝礼で指示を出して、日中電話でやり取りしながら作業を進め、終礼でその日の進捗を確認し、僕が日誌に記録する、ということを繰り返していました。クラウド上の日誌で管理すると、細かいデータは事前に、あるいは事後に直接書き込んだり確認してもらえばいいので、打ち合わせは要点だけで済みます。何でもかんでもミーティングで共有していた時より、指示や報告が整理され、分かりやすくなりました。このことは、スタッフが増えてきた時に、大いに役に立ちました。

その後、項目の設定や書き方などに改良を加え、今では圃場ごと、作物ごと、作業種類など細かい項目別に抽出・加工ができるようにしています。たとえば「トマト」で抽出すれば、トマトの栽培ではどのシーズン中のどのタイミングで、どんな作業を、どれだけ行ったかが瞬時に把握できます。昨年の履歴は、そのまま今年の栽培計画のベースになります。あるいは圃場名で抽出すれば、該当する圃場の作付けの遍歴が時系列で見えます。

それぞれのスタッフが日々記録する作業内容が、そのままデータベースとして蓄積されていくのがポイントです。順繰りに蒔いていく葉物の種蒔きの日付と、収穫開始日を淡々と入力していくだけで、栽培歴ができあがります。たとえばそれを気象データと照らし合わせて、法則性を探すといったことは、後からいくらでもできるのです。

							1月					2月				3月				4月				5月				
							1	2	3	4	5	6	7	8	9	10	11	12	13	14	15	16	17	18	19	20	21	22
品目	品種	圃場	予定量	栽植密度	畝長																							
キャベツ	アーリータイム	いっしん	500	5330	50	2重ユーラック無孔	●	—	—	—	—	—	—	▼	—	—	—	—	—	—	—	—	■	■	■			
キャベツ	味春	田宮	300	5230	45	防虫ネット	—	—	—	—	—	—	—	—	—	—	—	—	—	—	—	■	■	■				
キャベツ	みさき	いっしん	650	5330	65	2重ユーラック有孔					●	—	—	—	▼	—	—	—	—	—	—	—	—	■	■			
キャベツ	ポイントワン	いっしん	350	5330	40	パオパオ							●	—	—	—	—	▼	—	—	—	—	—	—	■	■		
キャベツ	舞にしき	いっしん	500	5240	100	パオパオ						●	—	—	—	—	▼	—	—	—	—	—	—	—	—	■	■	■
キャベツ	舞にしき	いっしん	500	5240	100	パオパオ								●	—	—	—	—	▼	—	—	—	—	—	—	—	■	■
スティック	スティックセニョール(	いっしん	650	9240	130	パオパオ					●	—	—	—	—	—	▼	—	—	—	—	—	—	—	■	■	■	■
スティック	スティックセニョール(	いっしん	650	9240	130	パオパオ								●	—	—	—	—	▼	—	—	—	—	—	—	—	■	■
じゃがいも	キタアカリ	大畑西	30	40									●	—	—	—	—	—	—	—	—	—	—	—	—	—	—	—
じゃがいも	レッドムーン	大畑西	60	40										●	—	—	—	—	—	—	—	—	—	—	—	—	—	—
じゃがいも	トウヤ	中原	80	30										●	—	—	—	—	—	—	—	—	—	—	—	—	—	—
じゃがいも	トヨシロ	中原	30	30										●	—	—	—	—	—	—	—	—	—	—	—	—	—	—
じゃがいも	十勝コガネ	中原	30	30										●	—	—	—	—	—	—	—	—	—	—	—	—	—	—
じゃがいも	ノーザンルビー	中原	20	40												●	—	—	—	—	—	—	—	—	—	—	—	—
じゃがいも	シャドークイーン	中原	10	40												●	—	—	—	—	—	—	—	—	—	—	—	—

年間作業計画（作付計画）

データベース構築のポイントは、後でどういう形でデータを取り出すかを記録の時点で絞ってしまわないことだと考えています。細かい項目別にベタデータとして残しておけば、後でいかようにも加工できます。フォーマットを決め過ぎてしまうと、それとは違う文脈で取り出そうとしてもうまくいきません。そもそもどういう文脈で取り出すべきかは、運用していく中で変わっていくもの。初めから完璧なものを目指さず、まずは最低限のものを作って、使いながら改良していく。これがコツです。

「人」を最大限に活かすためのシステム

久松農園の栽培計画は、まず最初に大きな年間作業計画（作付計画）を立てます。数十品目・数十品種に上る野菜を、いつ／どの畑で／どれだけ作るかは、シーズン初めに決められます。

この大きな計画に基づき、必要に応じて土壌分析を外部に依頼し、肥料設計を行います。もっとも、土壌分析はあくまでも参考値。有機農業では、有機物として土に「貯金」された肥料分が重要な役割を果たします。簡易な土壌分析だけでは貯金の大きさが見えにくいので、その時の「瞬間風速」よりも、時系列での「流れ」を見るように心がけています。

作付計画には週番号が割り振られており、それを切り取った物がその週の作業内容になります。年間計画を具体的な作業にブレークダウンし、スタッフに指示を出すのが農場長の仕事です。作業に必要な情報はクラウドで共有されているので、スタッフは、担当の仕事について、過去のデータを参照・復習して、段取りをあらかじめ確認し、必要な資材が揃っているかどうかを事前に準備して、その日の作業に臨みます。このような「予習体制」を組むことは、作業の効率化の上で極めて重要です。それによって、スタッフは自分で考え、バラバラに動くことができます。

多品目栽培の毎日は、ガチャガチャしています。これを2時間やって、次にこれを1時間やって、というスケジュールの繰り返し。迷いなく、気持ちよく仕事を進めるためには、整理された情報を事前に頭に入れておくこと、分からないことは自分で調べられるようにしておくことがとても有効なのです。全てのスタッフが、前日までに頭の中で一度農作業をシミュレーションできるようになると、生産性は一気に上がります。

このやり方は、他の農業者にはすごいシステムを組んでいると思われてしまうこともあるのですが、利用している情報そのものは、農家としてごくありふれたものです。植物工場のような、精密な測定や計算をしているわけでは全くありません。クラウドなどの道具をうまく使って、農場に蓄えられた情報やノウハウの利用を整備するだけで、スタッフが働きやすくなります。それだけ、人の力を引き出すことに繋がります。カネも知名度もない零細企業は、「人」で負けたら大手に勝てるわけがありません。ITはそれをカバーする道具です。こんなに素晴らしい道具が無料で提供されているのですから、小規模農家が使わない手はありません。

電子化が「組みたい相手」との架け橋になる

情報管理にネットを利用することで、物理的な制約が小さくなるのは農作業に限りません。たとえば先に触れたインターネットFAXは、FAXの送受信をPCやその他の電子端末から行うサービスです。対外的なやり取りはほぼ電子メールで行っていますが、飲食店の顧客はFAXを希望される方も多いので、主にそのために使っています。ネットFAXを使うと、注文リストもPCから相手のFAXに送信できますし、受注のFAXはPDF化されてメール添付で受け取ることができます。余計な印刷を減らせますし、何より、通信環境があればどこでも見られるのが便利です。

文書の電子化の効用は、何といっても検索の容易さです。電子化された書類は、一瞬で全文検索できるからです。整理の苦手な僕は、机に積み上がった紙の山から必要な書類を探すという作業に、これまでにどれほど青春の時間を浪費したことでしょう。そもそも、あるかないか分からないものを探すことほど、疲れることはありません。子供の頃から親や教師から「整理ができていない」と怒られてきましたが、限られた人生の時間を、嫌いで苦手なことに使いたくありません。誰でもそうじゃないでしょうか。今では、電子化すれば保管場所に制約がなく、一瞬で検索ができるのだから、整理する必要なんかないじゃないか、と思っています。もっとも、その開き直りがまた家族やスタッフの怒りを買うわけですが……

書類は原則として、電子化されたものをもらうようにしています。郵送で来たもの、手渡された物は、スキャナでテキスト検索可能なPDFに変換して、現物は捨てるかしまってしまいます。電子化した書類は、保存場所が決まっている物以外は、やはりクラウドサービスのEvernoteにぶち込んで終わりです。名刺や取扱説明書などはすべてこの方法です。トリセツのように後からでもダウンロードできるものは、袋すら開けずにゴミ箱に直行することも多いです。保管しておくべき書類は、『超・整理法』方式で、時間順に封筒に入れて立てておきます。これでずいぶん情報の検索が楽になりました。

やっかいなのは、ハンコという文化です。ただの認印を押すためだけに書類が送られてくることがあります。実物提出ならともかく、なかには「三文判が押してあればコピーでもいい」というものもあって、実質的な意味がありません。メール添付のファイルを印刷して、ハンコを押して、スキャンしてメールで送り返す。現物は捨てる。こんなのは労力と紙資源の無駄としか言いようがありません。銀行通帳でも外国人はサインでつくれるのですから、三文判というものは即刻なくして欲しいと思います。

お金に関することも電子化です。銀行もクレジットカードもネットサービスを利用しているので、入出金管理は全てPC上でできます。こちらからの請求書の発行も、取引先からの請求も、電子化できる物は電子化して、どうしても難しいものはスキャンして使っています。

これらは、当初は自分自身の業務の簡素化を目的としたものでした。それを進めるうちに、電子化された情報は、スタッフへの共有が簡単だということに気づきました。今ではGoogleDriveの他にDropboxなどのストレージサービスを使って、情報は可能な限り社内共有しています。質問する前にデータを調べる習慣をスタッフに持ってもらうことは、教育上も効果的です。自分から取りに行く情報の方が、身につくからです。

これは生物学的にも実証されていることです。マウスのヒゲは人間でいう手のような役割を果たしていますが、何かが偶然ヒゲに当たる時よりも、自らヒゲを動かして何かに触れる時の方が、脳の感度が10倍ほど高いという実験があるそうです。能動的に得る情報は、定着率がいいのです。

そのうち、さらに重要なことに気づきました。情報を共有できる相手は、何も社内に限らないぞ、と。あらゆる情報が、リアルタイムで取り出せるのだから、「どこでも見られる」相手は社外の人でもいいわけです。つまり、いつの間にか、仕事を外注するインフラが整っていたということです。

苦手な業務を自分で嫌々やるよりも、面白がって手伝ってくれる遠くの人とつながった方が、ずっと楽しいし、仕事の質も担保される。情報を人と共有しやすくしておくことは、適切なパートナーシップの構築に有用なのです。数年前、この話を周りの農業者にしても、誰も分かってくれませんでした。当時お世話になっていた税理士ですら、ピンと来ない様子でした。自分の考えがズレているのかと思い、ＩＴ関係の友人に話してみると、返事は「みんなやっていることだ」。危うくあきらめるところでしたが、おかげで「一緒にやってくれる人を探せばいいんだ」と思えるようになりました。今では、業務の適切な外注化ができなければ、農園は回りません。

そして、アウトソーシングの環境はどんどん良くなっているのです。

鍬とコンピューター

「この章はＩＴの話じゃないんじゃないの？」と思われる方もいるかもしれません。そうです。繰り返しになりますが、ここで述べているのはＩＴそのものよりも、ものごとを具現化する「道具」についての話と思っていただいた方がいいかもしれません。

何かを形にする時、私たちは目の前の道具や手段に縛られがちです。農作業について考えてみましょう。「畑の達人は鍬1本で何でもやってしまう」という話があります。研修時代に僕が農作業を教わったのはそういう人でした。いつもピカピカに手入れされた鍬で、畝立てから、溝切りから、土寄せまで何でも器用にやってしまう。リズミカルな体の動きは、見とれるほどです。お前もやってみろ、と言われてトライしましたが、まるでダメ。「大学なんか出てても全然だな！」本気で笑われてしまいました。

ここだけを見ると、鍬のスキルが農作業の質を規定するように思えてしまいます。果たしてそうでしょうか？　それは違います。鍬は目的を達するための手段に過ぎないからです。独立してからの僕は、こう考えました。

・まずは溝切りに絞って考えよう。

・溝切りの目的はそもそも何か？
・そのためにはどういう要素が満たされなければならないか？
・それを達成するためには、自分にはどんな方法が合理的か？
・その方法は経営上現実的か？

溝切り専用の道具か、小型の耕耘機を使う、というのが、鍬を使えない自分にもできる方法でした。鍬よりお金のかかるやり方です。それを使うためには、耕耘機が償却できるような売上を上げればいい。それだけのことです。

鍬のようなシンプルな道具は、汎用性が高い分、使う人を選びます。技能の習得にも時間がかかります。一方、目的を絞った道具は、使うのが簡単で誰でもできる。その分つぶしが利かず、特殊な道具であるほど割高です。どちらが正しいということはいえません。

ただし、新しい道具の出現によって、鍬を使えない人でも農作業ができるようになった、とはいえます。様々な道具や機械が開発されて、できる農作業の種類や規模、それを担う人も多様化しています。農業は、鍬使いがうまく、体力がある人だけのものではなくなりました。久松農園の農場長が小柄な女性であることが、何よりの証拠です。

同様に、ITも、農業経営を簡単にする道具の一つです。コンピューターのない時代だったら、僕は農業などとてもできません。鍬が使えないから、代わりの道具や方法を工夫する。情報の扱いが下手だから、コンピューターの力を借りる。旋盤工で作家の小関智弘氏は、「職人とは、モノを作るみちすじを考え、道具を工夫することのできる人間」(『ものづくりに生きる』岩波ジュニア新書)だと言っています。僕たちは、鍬の使えない職人集団なのです。

鍬が使えなければ農家じゃない、そういう人もいていいと思います。そんな人から見れば、僕は農業者失格です。でも、僕は不器用だからこそ、野菜づくりのプロセスを研究し、自分に合った道具を工夫する。亜流、邪道であっても、いい物をつくりたいという思いは、匠の農家に負けていません。道具や機械の選択肢が広い時代ほど、根幹にある情熱が問われるという気がしてなりません。

第六章
カネに縛られない農業を楽しむための経営論

自由と貧乏

農業を始めようと思った時、まず誰もが考えるのは、お金のことでしょう。サラリーマン時代の僕ももちろんそうでした。でも、サラリーマン家庭に育ったので、そもそも自営業がどういうものなのか、イメージも湧きません。「浮き沈みがあるから、サラリーマンの3倍は稼がないといけない」など、いろいろ俗説はあるけど、本当のところはどうなんだろう。そんなことをグルグル考えました。「まずは事業計画を」と言われても、どこから手をつけていいのか、さっぱり分からなかったのです。

とはいえ、今より収入が減ることは間違いない。収入が減っても生きていけるように、今から支出を減らして、スリムな生活を心がけよう。まずはそう思い、家計簿をつけてみました。何事もやってみるものです。知らず知らずのうちにかかっていたのが酒代。飲み代とは別に、月に5～6万がビールや焼酎に消えていました。

それでもビール好きの僕は発泡酒は許容できなかったので、本数を減らして麦芽100％を死守しました。他にも削れる物はないか、ということで、床屋に行くのをやめました。もともと散髪は面倒だったので、自分でやることに。98年8月に近所の電気屋さんで電動バリカンを買って坊主にして以来16年間、一度も床屋に行っていません。軽トラ1台分くらいの節約はできていると思います。

大阪に住んでいた当時、妻の職場の友人にエコな生活を実践している方がいると聞き、その暮らしを見学させてもらいました。冷蔵庫を使わないなど、都会とは思えないぶっ飛んだ暮らしぶりに驚きましたが、やればできるんだな、という実感は持ちました。灼熱地獄のような夏の大阪でも少し真似してみましたし、茨城に移った初年度は、冬は冷蔵庫の電気を切るなどして電気代を節約しました。面倒で1年でやめてしまいましたが。

甘えを承知でいえば、研修が有給だったのはとてもラッキーでした。お金が貯まるほどではありませんが、貯金が目減りしないのはありがたいことです。脱サラは最初の一年がしんどいです。目先の収入が減る上、健康保険や税金が前年度の所得にかかるからです。28歳のペーペーでもそれなりに痛かったのですから、もっと所得がある人は資金計画を立てないと厳しいでしょう。今思えば、「28歳子無し」は無計画に始めても何とかなるギリギリの年齢でした。

田舎での暮らしが物珍しかったので、最初は貧乏生活もエンジョイしていました。お金がなくても食べるものがあるというのは、実に心強いものです。食料品を買って日々出費がかさむのは、実負担以上に負担「感」が大きいので、それをしなくていいのは精神的に楽です。

田舎で自給自足な暮らしがしたい、という憧れから農業に関心を持ったので、そもそもお金に執着があるわけではありません。お金に執着がないことは経営者としては何の自慢にもならないのですが、今でもお金を儲けることにあまり夢中になれません。地位や名誉にも、ハナから興味がありませんでした。それよりも、新しいことをやって興奮していたい。世の中の縛りから自由でいたい、という欲求が常に優先します。

「農業は儲からない」への反発

では、貧乏でもいいと考えていたかというと、それは明確に違いました。貧乏暮らしを楽しんではいても、ジリ貧は絶対に嫌でした。理由は二つあります。一つは、社会の中で一定の役割を果たしたいから。もう一つは、農業はお金にならないという考え方そのものに同意できなかったからです。

新規で農業を始めるような人は、たいていは何か特別な理由があるものです。都会での暮らしに疑問を感じた、とか、安心できる食べ物を自分でつくりたくなった、とか。安定した生活よりも、大切にしたいものがあるから、農業の道を選んだという人が多いはずです。世間もまた、そういう人の味方をします。メディアに登場する脱サラ農業者の話はどれも、「安定した生活を捨てて、お金より大切な物を探す生き方にシフトした」というまとめ方ばかり。むしろ、「稼いではいけない」といわんばかりです。

現に、有機農業者のあいだではつい最近まで、清貧を尊び、お金のことを正面から議論することを嫌がる風潮がありました。以前は有機農業者同士で話していると、すぐに貧乏自慢、しんどい自慢が始まったものです。やれ、野菜は金にならない。やれ、農業は報われない仕事だ。農薬使ってる連中は楽して大儲けしている。しまいには、こんな大切な仕事を理解しない社会が悪い。政治だ。教育だ。という話に陥ります。

もちろんそういった言葉は若者特有の、反社会的な言動がかっこいいという空気に影響されたもので、自分にもそういう部分は多々ありました。同意できる部分もあるのですが、毎回こんな話ばかりだと辟易します。特に、他を攻撃することで、自分のしていることを正当化しようとするのはどうにも好きになれませんでした。貧すれば鈍するとはこのことだな、と思い輪に加われませんでした。

体制にケチをつけて憂さ晴らしをする姿は、サラリーマン時代の飲み会で見た光景にダブって見えました。僕は、それが嫌で、好きなことで生きていこうと思ったのです。会社の悪口大会で出てくるオジサンたちの常套句に、「今こそ、経営陣が変わる時だ」というものがありました。僕はそれに強い反発を覚えました。「それは違うんじゃないか。今、変わるべきなのは、お前だよ」と。同じ感想を、農業者の社会批判に対しても持ちました。自営なんだから、嫌なら、やめたらいいじゃないか。もっとも今思えば、周りに対する苛立ちは、ほかならぬふがいない自分自身に向けられたものだったのだと思います。

ジリ貧になりたくなかった二つ目の理由は、農業はお金にならないという風潮への疑問です。「農業」が儲からないのか、はたまた「その人だから」儲からないのか、という問題です。世界中の全ての農業者がジリ貧なのではありません。ちゃんと成り立っている人もいます。だとすれば、やり方の問題だろう、と。確かに、農業はお金になりにくい仕事かもしれません。であるならば、逆説的ですが、金儲けが上手な人がやらなければ、成り立たないのではないか、とも思いました。作ったものをお金にする工夫をしないで、一方的に買う側のせいにするのはおかしいし、解決にもならないと思ったのです。有機農産物が本当にいいものだというなら、ちゃんと売れる術を見つければ、一般のものと正面から勝負して勝てるはずだ。不利な栽培条件を克服して、しかもフェアな競争の中で勝てたら、10対0の完封勝利でかっこいいじゃんか、と。

社会のせいにする、というのは僕はもともと好きではありません。それをするとある種の思考停止に陥り、それ以上考えが深まらなくなってしまうからです。もちろん、個人ではどうすることもできない問題もあります。が、少なくとも、「有機野菜が売れない」は社会のせいではないはずです。もし需要が全くないのであれば、それは世の中が必要としていないことの証です。有機農業運動は「理解のある」消費者に支えられていたので、生産者はその理解に甘えることもできたのです。

理念なき経済は罪悪であり、
経済なき理念は寝言である

二宮尊徳の残した言葉だといわれています（もっとも、尊徳のものかどうかには異説もあるようですが）。

有機農業をただの寝言で終わらせてしまっていいのか？　それは「理念」を立ち上げたパイオニア世代から、バトンを受けた僕らの世代に突きつけられた大きな課題でした。農業界からは「ただの趣味」と笑われる一方、当の有機農業者たちは「大事なのはお金じゃない」と言って、経済性のことを正面から語らない。有機農業を継続し、発展させていくためには避けて通れない大事な問題ですが、そのことを口にする人は少数派でした。今の若い農業者には想像がつかないかもしれませんが、当時はお金のことを口にしただけで総スカンを食らうような空気に支配されていたのです。

パイオニアたちの功績を認めた上で付け加えれば、第一世代がお金のことを重視しなかったのは、彼らが生産物の売り先に困らなかったからだと思います。「70年代の消費者は電車に乗ってでも遠くから買いに来た。今の消費者はわがままだ」と嘆く有機の生産者や流通関係者が、90年代末には存在していました。その意見を100%否定するつもりはありませんが、多くの人はよそでは買えないから遠くから来るしかなかったのではないか、と僕は考えています。そんな時代状況で支持された「有機農産物の価値」が、モノの価値だったのか、希少価値だったのかは検証が必要です。やむを得ず買っていた物を、積極的に支持されていたと解釈すると、歴史を見誤る可能性があります。

もっとも、90年代の僕が有機農業でちゃんとお金を稼ぎたいと思っていた理由は、そのような大所高所の観点からくるものだけではありません。そもそも僕は「できない」と言われると意地でもやってみたくなる、という性分です。無理と言われた瞬間、自分の中で何かが発火します。それは計算とは無縁の、条件反射的なものです。だから失敗もします。それでも根底に、人ができないと言っていることをやってやろう、という冒険心のようなものがくすぶっています。

当時は有機農業をやる人はまだ少なく、自分の考えでやれる余地がたくさんありました。未完成な分、手が届くところに成功があるように思えました。2014年の今、仮に僕が何かを始めようとしていて、有機農業を選ぶかと聞かれれば、おそらく選ばないと思います。もう珍しくないし、今から大きく目立つことなどできない。皆が、「有機農業のビジネス戦略」を語っているような時代では、自分の気持ちに火がつくことはないと思います。元来、あまのじゃくなのです。

コミュニケーションを避けていたらビジネスにならない

お金の話に戻りましょう。その身近さからか、老若男女を問わず、少なからぬ都会人が農業に興味を持ちます。「都市は行き詰まっている。日本人の8割はもと農民なのだ。土に触れ、食べ物を自給する。スローな農的暮らしこそが、クリエイティブな生き方なのだ」という物言いを一度は目にしたことがあると思います。知的レベルの高い人ほど、そういう意見に惹かれやすいようです。

余談ですが、「日本人の8割は元農民」は間違った解釈です。歴史学者の網野善彦が明らかにしたように、それは「8割が百姓だった」を誤読したものです。百姓は生業としての農業を指す言葉ではなく、身分を指す言葉だったことが分かっています。時代にもよりますがいわゆる農業人口は、多くても4割くらいだったようです。

さて、農的暮らし志向の人の言う「農」とは多くの場合、余暇としての農=家庭菜園であり、趣味の園芸、いわば愛でるための盆栽です。それは、経済性を考慮した職業としての農業とは異なるものです。ところがなぜか、そういう人たちは農「業」をやりたいと言いたがる。周りからもそう呼ばれたがる。釣り人の多くが漁師を自称したり、呼ばれたがらないのと対照的です。

もっとも、既存の農家のほとんども経済のことを考えていないのですから、農的暮らしを志向する人だけに採算性を求めるのは酷かもしれません。実際に、趣味とプロの区別がつかないままズルズルと農業を始め、まともな生産もできないまま、フェードアウトしていくケースが後を絶ちません。よく考えてみれば、プロの農業者の多くは、技術も設備も販売先もすでにある中で、長時間労働を続けても大して儲かっていないのです。条件面で劣る参入組が「スロー」に働いて成り立たせるのはかなり難しいでしょう。

国立ファームの代表、高橋がなり氏は「オタク」のことを「他人の気持ちよりも自分の気持ちを優先する人」だと言っています。自分の好きなことに強い興味があるので、その対象をよく研究し、面白いものをつくることもある。ただし、それが商品としてどういう市場価値を持ち、どういうビジネスの組み立てをすべきかについては弱い。他人に興味がなく、コミュニケーション能力に欠けるからです。

コミュニケーションとは、自分と他人の気持ちの接点を探ることです。人の気持ちに興味を持てなければ、できるはずがありません。

オタクの良し悪しを論じたいのではありません。自分の気持ちを優先したい人はビジネスでは成功しにくいので、自分がいいと思うものを仕事にしたいなら、パートナーを探すなど、他の方法で補うべきだということです。もし、それが嫌なら、趣味にとどめておく方が無難です。

新規就農者であれ、既存の農家であれ、農業で商売がうまくいかない人は、コミュニケーションが原因になっているケースが少なくありません。職人気質で、栽培に「こだわり」がある人ほど、その傾向が強い。自分はこうありたい、農産物はこうあるべきだという思いが強すぎて、それを他人に押しつけてしまうからです。ところが、先に述べたように農業はお金になりにくいので、なおさら上手にお金に結びつけないと成り立たない。すなわち、より高いコミュニケーション能力が求められるのです。

その意味でいえば、こだわりが強く自己実現欲求が強い職人タイプの人と農業は、ビジネスの上では相性が悪いのです。農業者がしばしば「社会が悪い」「消費者は分かっていない」と嘆くだけで状況を打破できない理由は、職人タイプが多いことにあると僕は思っています。

お金は自分と社会をつなぐもの

お金を儲けなければいけない、などと言うつもりはありません。かくいう僕自身、金儲けに熱くなれる人間ではありません。しかし、お金というのは、その人が社会に提供できている価値の指標でもあります。売上の高い事業というのは、それだけ幅広く、数多くの人のニーズを満たしていることの表れです。

仕事に「こだわり」を持つ人は、自分のしていることに大きな「価値」を感じているのでしょう。それは何人も侵すことのできない尊い気持ちです。しかし、「自分の中の価値」と市場価値はイコールではありません。その二つの価値に橋渡しができることこそが、好きなことでメシを食う必須条件であり、経営の根幹です。

好きな農業を続けたいのなら、まずは農園を潰さないことです。潰れてしまえば、自分も、スタッフも、そしてお客さんも心から楽しんでいる仕事を続けることができないからです。久松農園にもこれまで何度も危機が訪れましたが、そのたびに、ここで終わるのは不本意だと思いました。まだ先があると信じているし、待っていてくれるお客さんがいたからです。一方、自分のしていることが社会にとっても価値のあるものだと信じられない人は、しんどいと簡単にあきらめてしまいます。だから危機を乗り越えられません。

不景気という波、あるいは東日本大震災という大きな波（震災のことは前著『キレイゴトぬきの農業論』に詳しく書きました）に直面するたび、僕の周りでも一人また一人と仲間が去って行きました。事業を続けるのは時としてしんどいものです。でも、「神は人に耐えられない試練は与えない」と言います。試練とは文字通り、試されることです。本当に自分のしていることを好きかどうか、そして、世の中から好きだと思ってもらうための努力をしているかどうか。それが危機のたびに試されるのです。

格好のいいことを言ってはいても、僕も悩むことはあります。時間を自由に使える仕事のはずなのに、子供と遊んでやれる時間がない時。休みの日は仕事をきれいに忘れて家族と過ごせるサラリーマンを、うらやましく思います。「お前の好きだというその仕事は、家族を犠牲にしてまでやるほどのことか?」そう言われている気がします。突き詰めて考えれば、それは、自分の仕事をどれだけ好きか、そしてどれだけ価値を信じられるのかが問われているのです。「お前の学費のためにお父さんは我慢している」というのは、卑怯な逃げ方です。「お父さんは今やっていることが好きだから、あきらめてくれ」と堂々と言えるかどうかなのです。父親としては失格ですが、そう言い切れるうちは続けられる、と僕は思っています。

「個」が強みを発揮する時代

ものを作るのはとても面白い仕事です。僕にとって、ものづくりの面白さを象徴する仕事の代表格が大工と農業です。なかでも農業の面白さは、ものづくりの根幹に人が関われないことこそにあります。人は、植物の生育そのものに直接関与することはできません。できるのは、せいぜい作物がうまく育つように環境を整えることだけ。それでも腕の差が出るのが面白いのです。いわば、作れないものづくり。それが農業です。

近代化が進んだ今の農業は、多くの人のイメージに反して、自然からはほど遠い人工的なものです。それでもなお、自然の摂理に縛られる。第四章で「三分の人事、七分の天」という言葉を紹介しましたが、農業はコントロールの利かないところが、知的好奇心をくすぐります。

作るだけでも面白いのですから、売ることも加われば面白くないはずがありません。作ったものを自分で売る面白さを体験してしまうと、そのどちらも人に渡したくなくなります。「ものを売るのは狩りに似ている」といわれます。ヒトは貨幣経済が始まる前から狩りをしていたのですから、狩りの快感というのは脳に刻み込まれた本能なのでしょう。栽培が狙ったとおりにうまくいき、それでお客さんが喜んでくれて、見合ったお金がちゃんと入るという3つがビシッと決まった時は興奮を覚えます。

今の日本はモノが売れない時代です。「いいものを作っていれば必ず売れる」という人は、昭和の成功体験からいまだに抜け出られないか、何も考えていないかのどちらかです。では、今の方が不幸な時代なのか、といえば、そうではありません。今の方が面白いに決まっています。巨大な需要が常に存在し、モノを並べていれば売れた大量生産・大量消費の時代は、均質なものをいかに効率よく生産し、流すかということだけが問われました。そんな時代は、作る人、運ぶ人、売る人がきっちり分かれていて、その垣根は高かったのです。その流れに沿った方がお金にもなったし、世の中の発展にも貢献できたのでしょう。

翻って、モノが行き渡ってしまった今は、同じモノを並べているだけではもはや売れません。多様化したニーズに合わせて、たくさんの種類のモノを少しずつ並べてはじめて、チョロチョロと売れ始めるという状況です。「誰もがほしがる最後の商品は携帯電話だ」と言われるくらいで、国民的なヒット商品はもうなくなってしまったのです。

この状況を前向きに捉えれば、細かい需要に合わせて、小さいビジネスを組み立てることが可能だということです。流通のロットにすらならない小さなニーズを、製造業者が直接拾って、ピンポイントで生産販売を行うことも可能です。農業者も、営業という狩りに出かける時代になった、僕はそう捉えています。

小売店が押しつけるモノを、お客が文句も言わずに買うという時代ではありません。総花的で特徴のない店は飽きられやすくなっています。前出の飲食プロデューサー子安大輔さんは、「飲食店は個店の時代」と言っています。同じことが、あらゆる業界で起きているのだと思います。

ニッチであってもマイナーには甘んじない

僕は農業を始める時からぼんやりと、「直接お客さんに販売したい」とは思っていましたが、やり方に戦略があったわけではありません。サラリーマン時代は営業職でしたが、マーケティングの勉強をきちんとしたことはありません。ただ、1パック100円の安売り野菜がひしめく近所の直売所に、自分の野菜を並べる気にはなりませんでした。大事に育てた野菜は大事に売りたいという思いが強かったので、まずは有機農業の先輩たちを真似して、複数の野菜をセットでお客さんに直接買ってもらおう。近所には配達できるし、遠くへは宅配便で送ろう。そこまでは最初に決めました。

同時に決めていたのは、ポップにやりたい、ということです。当時、多くの有機農家は「提携」と呼ばれる、生産者と消費者が強く結びつく特殊な流通形態を取っていました。農産物をただの商品とはみなさず、人と人との関係づくりを重視するという、生協運動をさらに発展させたような考え方です。

提携は、生産者と消費者の相互扶助を理念としています。生産物は原則、消費者による全量引き取り。取引価格は両者の話し合いで決める。消費者も作付けなどに関わる。生産者の生活を保障しつつ、ともに学びながら提携全体を民主的に運営することがその柱とされていました。

考え方は素敵ですし、このシステムのおかげで多くの有機農家が生まれたのも事実です。ただ、ある程度技術体系が確立し、「らでぃっしゅぼーや」など専門の流通団体も活躍していた90年代末には、すでに時代に合わない方法になりつつありました。消費者にしてみると、有機という「思想」まで押しつけられるのはちょっと重たい。一旦入ったら、簡単にはやめられないような堅苦しい感じでは買いにくい。もっと出入りが自由な、ポップな感じで販売したいと思いました。生産者としても自由に栽培したかったので、どんな野菜を作るかまでお客さんに口出しされたくはありませんでした。

そんな思いから、現在に至るまで定期購入制は採りつつも、押しつけがましくない方法を心がけているつもりです。

多品目での有機栽培は、確かに煩雑で難しい方法です。最初は作るだけで精一杯なので、「こんなに頑張っているんだから、黙って買ってくれよ」という気にもなります。しかし、市場全体を見渡してみて、有機農産物、それも定期購入制の商品というのがいかに特殊なものなのかも認識していました。農業法人での研修時代に、いろいろな流通に関われたことが大きかったかもしれません。

会社員時代も、値段が高くて生産量は少ないが、モノとしては優位性があるような間口の狭い商品を扱っていました。ニッチな市場を狙う人ほど、全体をよく見なければならない、というのが当時からの僕の持論です。有機農業も基本的に同じだ、と思いました。100人のうち50人が買う商品と、100人に1人しか買わない商品だったら、後者の営業は、いかにしてそのコアな1人を探し出し、リーチするかに尽きます。そんな商品を宣伝費を使ってビラをばらまくのは効率が悪いので、口コミが中心にならざるを得ません。

お客さんからすれば、選べない野菜が一方的に送られてくるのは不便です。そんなデメリットを上回る良さを感じてくれる人しか、そもそも買ってくれないものなのだから、とにかく食べて決めてもらおう。食べてもらってダメなら、あきらめるしかない。結局、今やっている売り方しか思いつきませんでした。裏返せばこの時から、結果的に価格競争に陥りにくいやり方になっていたともいえます。

「常に100点のものだけ出す」でいいのか？

口コミとは、すなわち知り合いづて、ということです。最初は友人や親戚へのなりふり構わぬメール攻勢です。喜んでくれた人も多かったのですが、なかには「人間関係を商売に利用するのか」と嫌がる人もいました。身近に自営業者がいない人は、商売というものを少し卑しいものと見なす傾向があります。それでも野菜を勧めることが迷惑になるとは思わなかったので、そこは割り切って営業しました。

知っている人に買ってもらうのは、甘えているようで、実はかえって気を遣うものです。失敗できないからです。喜んで欲しくてやっているので、もともと手を抜くということはありませんが、悪天候や人為的ミスで、「トマトが美味しくない」「きゅうりが入っていなかった」という類いのクレームは必ず起こります。こちらは故意ではなくても、お客さんは悪意に取ることもたまにあります。

そんな時に、相手が知っている人だと、関係に傷がついてしまうのです。知らない人ならいいというわけではありませんが、知っている人に迷惑をかけるのは禍根を残します。特に立ち上げの頃は、技術不足からの失敗が避けられません。それが元で、買ってくれなくなった人もたくさんいます。悔しく、申し訳ない気持ちを長いあいだ引きずります。今では少しは慣れてきましたが、嫌なものであることには変わりありません。

その気持ちを忘れないためにも、僕はこれまで野菜の定期購入をおやめになった方のお名前を全部残しています。顧客数が増えた今も、累積で見ると、やめていった人の数の方が多いのです。たまにそのリストを眺めながら、「あの失敗のままで終わってるんだな。今のクオリティでもう一度チャレンジさせてもらえたら」とウジウジ考えています。そんな昔のことなど、先方は覚えてはいないと思いますが。売っている側はちっとも「ポップ」ではありません。

もちろん契約栽培や、市場出荷の農家であっても、取引先に迷惑をかけないように胃の痛む思いをしているでしょう。それでも僕たちのように、全てをお客さんに直接届けている緊張感は特別なものです。電話が鳴ったり、メールが来るたびに、すわ、クレームか！　とドキッとする。怒られて、落ち込む。そういうキリキリした思いをしているからこそ、おいしいと言ってもらった時の喜びも大きいのです。

栽培はうまくいく時も、いかない時もあります。特に露地での有機栽培は、外す時は大きく外します。モノがいい時は、自信満々で出せるのでいいのですが、問題は端境期や、悪天候などで栽培が難しい時期。悪いモノを出すことはありませんが、安定して１００点をとるのは困難な時期もあります。そんな時に、それを正面から受け入れて、お客さんにちゃんと伝え、それでも喜んでもらえるようにする、というのが難しいのです。

ラーメン屋で「スープに納得がいかないので今日は休みます」という貼り紙を見かけることがあります。こだわりのスープなんていうものは、年中安定してできるわけがないので、営業をやめるのもありでしょう。でも、僕はそれは好きではありません。お客さんから逃げているような気がして嫌なのです。モノを作って売るということは、時に矛盾をはらみます。作ることと売ることの間で引き裂かれるのが、生産者直販なのだと僕は思っています。引き裂かれる思いがあるからこそ、畑でお客さんの顔を思い浮かべて、「あの人、なす好きなんだよな」とか、「去年はとうもろこしで文句言われちゃったから、今年はリベンジしてやろう」などと思うわけです。そういう作り方ができることが、直販農家の面白さであり、小さい農業の武器だと思います。だから、お客さんからも、栽培からも絶対に逃げてはいけないのです。そこがやっつけになった瞬間から、仕事の劣化が始まります。

多品種農家にとっての競合は八百屋である

ところで、優れた営業マンとはどういう人でしょうか？　僕の考えでは、それは、どんなモノでも上手に売ることができる人です。その点でいうと、そもそも僕は営業、あるいは商売人としてはダメな人間です。自分が本当に好きなモノしか売ることができないからです。本当の商売人は、売るモノを選びません。

サラリーマン時代は、たまたま好きな部署に配属されたので、それなりに楽しんで営業の仕事をしていました。しかし、心を込めてモノを売っていたかと言われれば、ちょっと違います。決められたルールの下でゲームをしていた、という感覚です。でも、だからこそ自社製品・他社製品を客観的に見られるし、割り切って売ることができました。「営業」を真剣に追求しよ

う と思うなら、好きなモノしか売れないような人ではダメなのです。

八百屋さんのことを考えてみましょう。多くの八百屋が、どうやってお客さんに喜んでもらうか、どうやっていい野菜を揃えるかに腐心しているでしょう。それでも、すべてのモノを心から愛しているということはないと思います。売りたくないモノを売らなくてはならない時もあるし、思ったようなモノが集まらない事もある。逆に「これぞ！」と思ったモノが売り場に合わないということもあるでしょう。

それでも、毎日気持ちよく「いらっしゃい！」と言えなくてはダメです。悪いモノを無理やり勧める必要はありません。でも、「こんなもん、買わない方がいいよ」という態度では、売れる物も売れません。客はその人を信頼できなくなってしまいます。思ったままを口にすることが、顧客サービスではないのです。

「営業マンは嘘を言ってはいけないが、本当のことを言う必要はない」という言葉があります。皮肉めいてはいますが、真実を捉えています。鮮度が落ちてしまったトマトを売るのに「古いから生で食うな」と言うのと、「熟しすぎているから、ソースにするといいよ」と言うのでは違います。

この点、直販生産者は不利です。人に直接売りたいという生産者の多くは、自分の農産物が好きだからです。「自分の野菜が好きで何が悪いんだ！」という声が聞こえてきそうです。も

ちろん好きでいいし、僕自身もどちらかというとそちら側のタイプです。

多品目農家にとっての競合は、ほかの農家ではありません。いろいろな野菜を揃える八百屋、青果店です。でも、品揃えを広くして幅広い客のニーズに応えるというやり方では、八百屋さんには絶対勝てません。思い入れが邪魔をするからです。対象に寄り添っている分、客を選んでしまうのです。

実は「八百屋的」な生産者という方法論はありえます。近所の「生産者直販果樹園」は、ぶどうを少しだけつくっていますが、ほとんどの商品は仕入れで、毎朝市場からのトラックから荷下ろししています。そこまでやるなら、効率悪いから生産なんか全部やめちゃえばいいのに、と思いますが、「農家」の看板が販売にプラスになっていると判断しているのでしょう。

裏返せば、生産しているからこそ、売り方が規定されてしまう。その果樹園はアリバイ程度の生産もしつつ、市場仕入れを行うという非効率を続けざるを得ない。好むと好まざるとに関わらず、生産者の営業は小売り専業に比べて、売り方の幅が狭くならざるを得ないのです。

自分自身の時給を決める

最初の数年は必死の自転車操業でしたが、単年度での赤字をようやく脱した頃、目先のお金が回っていてもきちんと利益を上げていかないと事業が続かないことを痛感しました。適切な投資ができないからです。お金がない時は、今のやり方が効率的ではないと分かっていても、遮二無二がんばるしかありません。唯一の再生可能な経営資源である肉体を限界まで使い倒します（もっとも、30代半ば頃から、ちっとも再生可能ではないことが分かってきますが……）。

しかし、機械や道具などへの投資ができなければ、いつまで経ってもその先へ行けません。一人農業だったので、そもそも労働力が圧倒的に不足していました。面積ももっと増やしたいし、営業もしたい。でもとにかく時間がない。人を雇えるアテなど全くなかったので、省力化に投資しなければダメだ、と考えるようになりました。最大1・7haまで一人でやりましたが、多品目で、出荷までやることを考えると、クオリティが保てる限界でした。平均的な農家では、夫婦二人でやってもヒィヒィ言う面積です。

冬場、掘っ立て小屋にブルーシートを回しただけの出荷場で、ストーブで手を温めながら夜中まで出荷作業をするのは体に堪えました。その後は家に帰ってコタツで業務仕事や勉強。疲れると突っ伏して1、2時間寝て、起きるとまた仕事という毎日。頑張っているのに周りが認めてくれないことも不満でした。人間関係もギクシャクして、このままではマズい、と思いました。

一人でやっているのだから、家族でやっている人より設備が充実していないと回るわけがない。オーバースペック気味に道具や機械を揃えて、とにかく省力化を図って、時間をつくろう。そう考えました。

とはいえ、なんでもかんでも青天井で買うわけにもいかない。ペイラインをどう考えたらいいのか。その時、参考になったのが、宮崎でブドウ栽培をされている杉山経昌氏の『農で起業する！　脱サラ農業のススメ』（築地書館）です。この中で杉山氏は、「自分の労働単価を決めてしまえ」と説いています。自分が時給でいくら欲しいかを決めてしまえば、他のことは自動的に決まる、という考え方です。

大ざっぱに例を示します。夫婦で年間計4000時間働いて、600万円の利益があったとします。計算上は、

600万÷4000時間＝時給1500円

で仕事をしていることになります。

現状でよしとしているなら、この労働単価でいろいろな作業を組み立ててしまえばいいのです。たとえばナスの通路の除草に1回1畝当たり1時間かかっているとします。この場合、1回の除草にかかるコストは1時間分の時給の1500円。シーズンに4回除草するとして、1シーズン／1畝当たりの除草コストは6000円、労働時間で見れば4時間ということになります。

一方、手で除草しない方法もあります。防草シートという光を通さないシートで通路を覆ってしまう方法です。シートが1畝の長さで7500円だとすると、、4年持つとして1年（＝1シーズン）当たりは約1900円。設置と撤去に2時間かかるとすれば、防草シートの1シーズン／1畝当たりのコストは、

時給1500円×2時間＋資材1900円＝4900円

です。コストの額面も、労働時間も下がることがわかります。

したがってこの場合は防草シートを利用して、余った2時間を、他の「時給1500円以上の生産性のある仕事」に振り向ければ、より利益を上げることができることになるのです。

いつもいちいちこんな計算をするわけではありませんが、目標として「自分がいくら欲しいのか」をベースに仕事を組み立てれば、おのずとどこにどれだけ投資すべきかが決まってきます。数万から数十万もする道具や機械は直感的に「高い」と思ってしまいますが、高いかどうかはモノそのものの価格ではなく、その人の労働単価との兼ね合いで決まる、と考えることによって、計算に根拠が生まれました。

「他の農家はなぜ資材や機械を買わないのか」という疑問にも説明がつきました。家も機械も既に揃っていて、これ以上の規模拡大の必要がない既存の農家であれば、売上を上げることよりも、コストを削って利益を上げようとするのは当たり前です。今の規模では売上が不十分な自分が同じことをしていては追いつけない、ということがはっきりしました。適切な投資で労働時間を短縮して、もっと生産性の高い仕事に時間を振り向けなければ、一生このまま。危機感を覚えると同時に、光が見えた気がしました。「朝から晩まで頑張っているのにちっともお金にならない」のは自分の労働単価の設定ができていなかったからなのです。

これから就農する人は、仮の数字でいいので、先に目標利益と労働時間を決めてしまうのがいいと思います。当面夫婦2人で1日8時間労働、週休1日で年間利益500万円を目指すなら、年間労働は1人当たり約5000時間、労働単価は約1000円です。

仕事が時給1000円以上になるように心がけていれば、必ず目標に近づいていきます。それが、労働生産性の向上ということです。農家のおしどり老夫婦がいつでも2人で一緒に作業をしている、というのは絵としては美しいですが、多くは家も土地もある人のケースです。真似してはいけません。

「はかどった感」を生産性に近づける

少し脱線しますが、「生産性」について少し述べたいと思います。「農と自然の研究所」の農業研究者、宇根豊さんは、生産性と「はかどった感」は違う、ということを繰り返し書かれています。今お話ししたばかりのこととは矛盾しているように思われるかもしれませんが、あえてその主張を要約してみます。

もともと百姓には、「仕事がはかどる」という言葉はあったが、「生産性」という言葉はなかった。「農業の近代化」とともに、労働生産性が尺度として持ち込まれた。本来、百姓にとって「仕事がはかどる」実感とは、相手の生きもの（作物や草や動物や土や水など）とのやりとりがうまくいったということのほうが大きい。はかどった、は手入れした仕事の充実を語っているのであって、時間あたりの収益とはほとんど無縁である。

田んぼの草取りが終わった時に、作物が喜んでいるように見えた時、はかどった実感を持てる。

多くの百姓は、「生産性の向上」は「仕事がはかどる」ことの経済学的な表現だと思い込んでいる。しかし、「仕事がはかどる」ことと「労働生産性が高い」ことは対立する場合がある。労働生産性は、百姓仕事の一側面を切り取っているに過ぎない。数値化できる部分だけを見てしまうと、農業の土台になっている自然との共生や仕事の豊かさが失われてしまう。さらに言えば、農業の近代化そのものが、近代化できない様々なものを踏み台にして成り立っているのではないか。


農業の近代化そのものに反対の立場を取る宇根氏の意見に100%賛成ではありませんが、「仕事の豊かさ」についての主張にはとても共感できます。

仕事にはリズムがあります。乗れる、乗れないという表現が使われるのはその表れでしょう。とりわけ肉体労働は乗っていくことが大事。段取りが悪かったり、想定外のことが起きたりしてリズムに乗れないと、爽快感がありません。逆に、すべてがうまくいって心地いいスピードで作業が進むと、すっきりした気分になります。研修時代の先輩は、「収穫するオクラが目の高さで同じ大きさにビシッと揃っていることが何より興奮する」と言っていました。ランナー

ズハイならぬ、ファーマーズハイです。
僕にとって、身体性と結びついた仕事の充実感は、農業をする上で欠かせないものです。一日が終わり、「ああ、今日も仕事がうまくいった」という満ち足りた気持ちと共に、畑で豊かな風に吹かれる。この上なく幸せな時です。「仕事がはかどる」とはそういうことなのです。
このはかどった感は、労働生産性とは異なる尺度です。今日の仕事がいくらになったのか、とか、目的合理的に動いたかどうか、とは必ずしも一致しません。そこが面白くもあり、難しくもあるところです。はかどった感がないと、仕事はちっとも面白くない。でも、労働生産性も高くないと、経済が成り立たない。
料理人をしている友人が似たような話をしていました。厨房がガチャガチャと忙しく、「今日は客が入ってるなー」と思ったのに売上が伸びなかったり、逆に、仕事がダラダラしていて「今日は暇だな」と思った時に意外に数字が良かったり、ということがあるそうです。では、どうするかというと、その「入った感」と数字を毎日突き合わせながら、身体感覚を数字に近づけていくのだそうです。そういうトレーニングをすることによって、売上が上がっているかどうかが体で分かるようになっていく、と。「はかどった感」と生産性の両立こそが、好きな仕事で食っていく秘訣の一つなのかもしれません。

第七章
強くて楽しい「小」を目指して

縁と偶然と弱いつながり

袖振り合うも、何とやら。人の縁は本当に不思議なものです。僕は何の取り柄もない人間ですが、人には恵まれた人生だとつくづく思います。若い頃から、会うべき人に、会うべき時に、会えている実感があります。大きな決断を下したり、大事な気づきがある人生の分岐点に、いつも誰かが立っていて、進むべき道を指し示してくれたり、一緒に歩いてくれます。そこが分岐点だということすら、その時は気づきません。後から、ああ、あそこは分かれ道だったなと気づくのです。

誰かに突き飛ばされるように、歩いていた道から大きく逸れてしまうことがあります。思ってもみなかった方向に無理やり方向転換させられ、あらぬ方向に引きずられてしまう。「あいつは何なんだ?!」とぶつぶつ言いながら、先の見えない新しい道を進んでいると、いつのまにか慣れてしまいます。数年もして振り返ると、まっすぐな一本道だったように見えるから不思議です。亡くなった音楽家の大瀧詠一氏の言葉を借りれば、「必然は、最初は偶然の仮面を着てやってくる」ということになりましょう。

でも、そんな偶然な方針転換が、僕の人生ではとても大事なのです。高校まで理系一辺倒だったのに、ふとしたことから文系の大学に進んだこと。就職した会社で、思ってもみなかった町の、思ってもみなかった部署に配属されたこと。農業などという考えたこともなかった職業に就いてしまったこと。どれも事故みたいなものです。でも、思ってもみなかった方向に大きく流された後ほど、その後の人生が面白く展開することを僕は経験的に知っています。

ことさら意識して人の縁を大事にしてきたつもりはありません。ただ、その時々にいい出会いをいただいているという印象です。このことを、前の会社の同期で、今はブラジルで実業家をしている大野恵介氏と話したことがあります。「俺も人の縁だけで生きているようなもんだなぁ」としみじみ言いつつ、でもそれを特に大事にしているつもりはない、と彼は言葉を重ねます。

「ただ、フリーになると、いつも素の自分で生きているから、嬉しさ、真剣さは自然に態度に出る。それを相手にも伝えるから、お礼のメールなんかも普通に書くだろ？　自分で縁をつくる必要のないサラリーマンは、そういう積み重ねを、やっぱり俺たちほど真剣にはやってきてないんだよ」

同感です。特別なことは何もしていないけれど、素直な自分でいれば、おのずと人はやってくるのだ。僕もそういう風に思っています。

会計、デザイン、野菜の加工などで久松農園を支えてくれている強力なサポートチームも、偶然知り合った人や、紹介してもらった人たちばかり。すべて人の縁で成り立っています。ネットで検索したり、地元で探したりということはほとんどありません。飲食店や本を探すときに、どこの誰か分からない人のおすすめが強く心に響くでしょうか？　それよりも、知っている人がいいと言っていたお店、好きな評論家が勧めている本や映画の方が、心に引っかかるものです。

それは農業でも同じ。野菜を加工してくれるパートナーも、会計業務を手伝ってくれるチームも、信頼できる人から紹介してもらいました。最近だと、SNSを通じて知り合った人と仕事をすることもしばしばあります。分からないことがあると、フェイスブックに投げかけると、親切に教えてくれる人もいます。それはもちろん、お互いにいろいろなことを発信しているので、自分の人間性や活動内容が相手に知られているという前提で起きることだと思います。

ジャーナリストの佐々木俊尚さんはフェイスブックについて「第一は、人間関係を気軽に維持していくための道具。第二は、自分という人間の信頼を保証してくれる道具」だと言っています（『自分でつくるセーフティネット』大和書房）。ゆるやかで広いつながりの中から重要な情報がもたらされるという指摘は、最近特に実感することです。

叱咤してくれる存在

もともと会社員時代から、所属や肩書きで人と付き合うことが苦手でした。立場をわきまえて話している限り、その人と一定以上親しくなれる気がしなかったのです。自分ではそれを「営業トークモード」と呼んでいました。サラリーマン同士の挨拶や接待の場の、作られた盛り上がり感。親しげだけれど、皮一枚隔てているような、あの空気。それができなくて先輩に怒られたりもしたのですが、今でもなじめずじまいです。何を話していいか分からなくて、営業トークをしてしまうときもありますが、たいていうまくいきません。

28歳で会社を辞めるとき、「これからは大きな組織ではなく、自立した個人の緩やかなネットワークが重要になる」と宣言しました。その時は「頭」でそう思っただけでしたが、農業を15年やった今になって「ああ、あの時に自分が発した言葉は、こういう意味だったのか」と体で理解できるようになりました。

「個人の自立」のためには、営業トークを捨てなくてはなりません。フリーで仕事をする際に最も大事なのは、素の自分を晒して、常に自然体でいることだと思います。もちろんその結果、肌に合わない人が離れていくことはあります。それは仕方のないことです。素の自分が出てしまうことで、他人と距離ができてしまうのを恐れる人もいますが、素のままではつき合えない人とはどうせ仲良くなれないのですから、無理しても得るものはありません。
大事なのは、格好をつけないで、気持ちに正直に行動すること。特にすべてが可視化してしまっている現代においては、上手に演出して「うまいことやる」ことなどできません。「SNSの上手な使い方を教えて下さい」と聞かれることがありますが、「好きなことを、書きたいときに書けばいいんじゃない」としかいいようがありません。家族や恋人の前で自分を取り繕うことなどできないのと同じで、ソーシャルメディア上での演出なんてできっこありません。もしやったとしても、それはいずれ見透かされて、本当の意味で関心を引く発信になるとは思えません。「大変光栄に思っております」みたいな〝広報部の公式コメント〟を、誰が面白いと思うでしょうか？

農業を始めて幸運だったのは、意識の高い仲間に恵まれたことです。一人で修業を積めるほど強くない凡人にとって、意識と能力の高い人に囲まれることほど、成長の糧になることはありません。仕事をするというのは、ダメな自分と向き合うこと。何かに真剣に取り組むと、どうしても自分の嫌なところが見えてくるものです。「ま、こんなもんでいいか」と甘えてしまう怠惰な自分が出てきた時、「逃げるな！」と言ってくれる人がいるのは、とてもありがたいことです。本当の努力家は、自分で自分を追い込むことができるのでしょうが、僕にはそういに環境ぶ浮かい思が顔いうという力はありません。そんな時、「お前、そんなんでいいのか？」という顔が思い浮かぶ環境に身を置くことは、とても大事です。

中学の部活で、筋トレをしてバテバテになってからの練習が身につく、と教えられました。筋肉には「漸新性過負荷の原則」があり、段階的に負荷や回数を上げて限界値を伸ばしていかないと発達しないからです。それは仕事でも同じ。独立してしばらくは、お金もないし、栽培もボロボロなので、バテバテになるところまでは誰でも行けます。一人だと、そこで終わりにしてしまいますが、「スクワットもう1回！」と言ってくれる人がいるおかげで、限界を超えて成長できるのです。

繰り返し述べているように、僕は農業に向いていません。そして、向いていない仕事に就いて本当に良かったと思っています。8割の力でこなせてしまう仕事に就いていたら、今ほど頑張らなかったと思うからです。限界までやってもまだ足りないから、負荷がかかって成長し続けることができるのです。

もちろん、いつもライバルが先を走っているというのは、しんどい時もあります。それは当たり前なのです。切磋琢磨というのは、お互いが嫉妬や劣等感で削られ、磨かれるということですから。でも、その摩擦熱こそが、人を熱くするのだと今は思えます。困難から目を背けがちな僕のような人間が情熱を持ち続けるためには、野心や向上心のある人が周りにいる環境が必要なのです。

誰に認められたいのか

自分の野心の元はなんだろう、そう考えるときがあります。短期的にはお金であったり、人に認められたいという気持ちだったりします。

若い頃は承認欲求がとても強い人間でした。ピークは、ちょうど農業でやっていける自信がついてきた30代半ば頃。仕事を一人で抱え込んでしまい、にっちもさっちもいかない。相談する相手もいない。努力しているのに、なかなか先へ進めない焦り。「こんなに頑張っているんだから、もっと褒めてくれてもいいじゃないか」という不満が強かった時期です。

行き場のないフラストレーションが、周りの人に向いてしまいました。認めて欲しい相手に近づき過ぎたり、敵だと思う相手を攻撃したり。人との距離の取り方が分からなくなっていました。

今のままではダメなのは分かっている。抜本的な対策を考えなければならない。でも、目先のやることは山積みで、考える時間がない。アルバイトはいるが、常に指示を出さなくてはいけないから、大して楽にならない。でも、一人で動けるように育てる時間がない。常にイライラして、周りに当たってしまう。スタッフとも家族とも、関係が悪化していく……完全にオーバーキャパの状態でした。あとちょっとで、体か心のどちらかを病んでしまう。そんな状況がほとほと嫌になり、立ち止まってじっくり考えました。

その時、己に問うたのは、そもそも自分は誰に認められたいのだろうか、ということです。素直な自分ととことん向き合って出た答えは、「そうか、僕は僕自身に認められたいんだ」ということです。よく頑張っているじゃないか、それでいいんだ、と自分で自分を認めてあげることができたとき、ずいぶん気持ちが楽になりました。

あの気づきがなければ、先へは進めなかったと思います。依存症患者が回復のきっかけを掴むには、自分がどん底まで落ちてしまったという「底付き感」を味わう必要があるといわれていますが、自分にとってはあそこが底だったのだと思います。何でも抱え込む性格を改め、人を頼らないと、好きな仕事も続けられない、そう気づいた時期でした。

「一人でやること」の喜びと困難

今でこそチームで仕事をしていますが、僕はキャリアの半分くらいは一人で農園を回していました。そもそも、大きな組織が苦手で脱サラしたくらいです。就農地を探していた頃、訪ねた自治体の担当者や農家の多くに、「農業は夫婦でするものだ。一人でできるわけがない」と言われました。当時は、「そんなこと言っているから、農村には嫁が来ないんだよ」と反発したものです。そんな経緯もあって、頑なに一人でやることにこだわっていた時期もあります。

一人で仕事をすることのメリットにはどんなものがあるでしょうか。僕は次のように考えていました。

【一人農業のメリット】

① 権限と情報が一人に集中しているので決断が早い
② 失敗を人のせいにしなくなる
③ 仕事の効率を考えるようになる

①わがままなので、仕事のことは隅々まで知っていたい。目の前にある野菜の品種・播種日から、どう梱包されて誰にいくらで届けられるのかまで自分で把握していないと気が済まない。一人なら、全てを知った上で誰にも相談せず物事を決められます。買い物でも取引先との話でもその場で即決。サラリーマン時代から、「持ち帰って上司と相談します」というのが好きではなかったので、たとえ小さな所帯であっても、全権を掌握していたいと思っていました。

②チームで仕事をしていると、つい失敗を人のせいにしがちです。一人だと、やるべきことをやらなかったのも、間違ったのも、自分だけ。反省はあっても、他人へのイライラがないので、気は楽です。逆に、たまに人と仕事をすると、誰かのせいにしたい自分がムクムクと頭をもたげて嫌な気持ちになることもありました。

③研修先は人がたくさんいたので、少々段取りがまずくても人海戦術で乗り切ってしまうことがよくありました。ところが、一人だと後から取り返すことはまず無理。なので、段取りを考えざるを得ません。困っていないと、合理化はなかなか進まないもの。労働力に限りがあるからこそ、効率を考えるようになるのです。

とはいえ、良いことばかりではありません。

【一人農業のデメリット】

① 作業効率が悪い場面も多い

② ダレると止まらない

③ 事業が、自分という人間のキャパシティに規定されてしまう

①手分けができないのは大きなネック。重要度は低くても締切の迫った仕事のために、他を

中断されることもしばしばです。仕事が細切れになると、中断時間以上のロスがあります。また、芋掘りや、大きな片付けなど、大人数で一気に終わらせた方がいい仕事もあります。面倒な仕事は一人でダラダラやるとかえってやる気を失います。

②叱ってくれる人も励ましてくれる人もいないので、推進力は自分のモチベーションだけ。忙しくて時間に追われている時はともかく、調子が乗らない時には気持ちの維持が大変です。独り者で、私生活も一人だと、些細なことをきっかけに一気に自堕落に陥ってしまうかもしれません。やはり人の目があると、ちゃんとしようと頑張れるものです。

③一番のデメリットは、事業そのものが自分という人間のキャパシティに規定されてしまうことです。僕自身、立ち上げからしばらくは、「頑張れば、自分はどんな方向にも成長できる」と信じていました。しかし、最初のうちはよくても、いずれ自分の能力が事業の限界だと思って、それ以上先へ進まなくなってしまいます。事業そのものにポテンシャルがあるときは、それはとてももったいないことです。これについては、後で詳しく述べます。

チームの力を知る

一人がいい、いや、それでは限界がある、と行ったり来たりしながら、結局7年間は一人農業を続けました。その間は、一時的なアルバイトに手伝いをお願いしたり、ファームステイ制度を利用したりして、その場しのぎで労働力を確保していました。今年は回っているけど、来年はどうなるか分からない。常に綱渡りですが、喉元過ぎれば何とやら。抜本的な対策が立てられないままずるずるとそんなことを続けていました。

7年目の時、住み込みの研修生を受け入れ、初めて1年間がっつりと働き手を確保できました。一人余計に食わせるためにお金が必要だったので、栽培面積も1・7haから2・5haまで増やし、営業も頑張りました。たまたま、営業と生産の歯車がうまくかみ合い、一年で売上を40%以上伸ばすことができました。この時初めて、「そうか。やり方そのものは間違っていないが、労働力が足りないんだ」と気づくことができました。身近に手本がなかったので、何人いればどのくらいの面積がこなせるのか、今の面積でいくらまで稼げるのか、やってみるまで分からなかったのです。そこからようやく、常時誰かがいてくれるような体制を目指すようになりました。

その翌年は、縁に恵まれ、アルバイトスタッフが質・量ともに充実していました。農園史上最も優秀な農作業者、中山大輔君（通称名人ナカヤマ）や、久保寺智君と出会ったのがこの年です。多品目栽培の忙しさのピークは夏。毎年限界までがんばって、秋にはもうヘトヘトだったのですが、この年は彼らのおかげで少しゆとりを持って秋を迎えることができました。この時初めて、司令塔たる自分が疲弊しすぎないことは、経営の上でも重要なことなんだと気づきました。貧乏性の僕は、少しでも自分に余裕があると、何だか申し訳ないような気になってしまうのです。それでつい畑に出て、あれこれ指図をしてしまう。それではダメなんだ、とようやく分かりました。

目先のことに追われていると、経営に必要な「これからのこと」を考えることができません。人を雇って大丈夫だろうか、という不安はつきものです。それでもまずは先行投資として人を雇い、自分の時間を空けてから次のこと考える、という順番でしか先へと進めない。経験からそう学びました。雇用を入れるかどうかで迷っている人がいたら「先の自分を信じられるなら、まずは雇ってみたら」というのが僕からのアドバイスです。

名人ナカヤマも、久保寺君も現在は結婚し、独立して自分の農場で頑張っています。

出会いと賭け

２０１１年の冬、事業の命運を握る出会いに恵まれます。茨城県が主催する農業合同企業説明会でのこと。久松農園のブースの前に、ニット帽を深めにかぶった小柄な女性が立ちました。

現在の農場長、フシミです。大学を出てから、フラワー業界や料理教室で働いていたという、農業未経験者でした。どうせ本気で農業をやるつもりじゃないんだろう、という先入観で話を聞いたのですが、しっかりした話しぶりに好感を持ちました。野菜をつくる仕事に興味を持っているが、自営の農家になりたいわけではない、と言うので、将来は何をやりたいのか尋ねると、

「自分の野菜を使ったカフェをやりたい」

ほら出た、カフェ女！　僕は、鬼の首を取ったようにまくし立てました。

「とっても素敵だとは思うけど、ウチは合理的な農業を追求している本格派だからね。君はどうせキャベツの畝間とかに興味ないでしょ。参考までにウチの勤務条件はこんな感じだけどね。君にはもっとふわっとした農場がいいんじゃない？　たとえば、〇〇とか」

「そこはもう行きました」

あ、そうですか。じゃあ、また機会があれば。がんばってね、と、その場はさらっと別れました。芯があるし、人はとても面白そうなんだけど、方向性が合わないな、という印象でした。後日談ですが、彼女は僕のことを人づてに聞いて挨拶に立ち寄っただけで、就職する気は全くなかったそうです。こっちは働く気もないのに、この上から目線は何？　という良くない第一印象だったようです。

何となく引っかかる人だったので、その後フェアに出展する時などは声をかけるようになり

ました。話を聞くうちに次第に興味がわき、自分とは全くタイプが違うけれど、彼女に参加してもらったら、農場に何か新しい物が付与されるのではないか？　と思うようになりました。新規就農者の人材の幅も広がっているとはいえ、ガツガツやるだけで展望のない「農業バカ」が多いことも事実です。そんな農業色に毒されていない、自分のセンスを信じて仕事をしたいと言う彼女に、みずみずしい可能性を感じたのです。

２０１１年は、３月の東日本大震災の原発事故の余波で、多くの顧客を失った年です。３割以上落ち込んだ売上も、新規開拓などで年末までにだいぶ回復してはいましたが、それまでの延長線上では事業に先がない、という強い危機感を持っていました。年末に書いた翌年の事業方針には次のような文言があります。

> 先のビジョンがないまま「とりあえず」走っていた拡大期は終わりを告げ、ようやく見えてきた久松農園のカタチをよりくっきりさせ、体制を固めていくのが当面の課題である。高い品質を求める方向は重要だが、「伸びしろ」を考えた場合に栽培以外のソリューションを追求することも進めないとジリ貧である。

市場環境が厳しさを増し、競合が増えていく中で、「有機」とか「鮮度」といった無個性なにしていいんだ。

看板だけでは生き残れない。リスクを取って、尖っていかないとダメ。むしろ個性をむき出しにしていいんだ。

モノの背後に、人がいる。その舞台裏を、たとえ不完全なものであっても、全面に出していけば、そこには人を引きつける何かがあるのではないか？　ぼんやりとそんなことを考えていました。何よりまず自分が、彼女のような新しい魅力を持った人と働いてみたい。そして、そういう人を惹き付ける何かが、事業にも大きな力になるかもしれない。直感的にそう思いました。

初めてのことをやるときの僕の判断基準のひとつに、「同業者が引くようなことをやる」というのがあります。こういうことをやろうと思っている、と言ったとき、他の農家が「いいね！」というものは、リスクは小さいが新規性はない。同業者の多くが「ええっ!?」と引くような反応だと、ひょっとしてイケるかもしれない、と思うのです。その意味では、他の法人が採用しないような人材を採れば何かが起きる、という予感はありました。

その年の年末、彼女が農園の見学にやってきました。キャベツやブロッコリーなどの野菜がビッシリと並ぶ冬の畑で、彼女がボソッと「畑きれいですよね」とつぶやいたのを覚えています。分かっている人なんだな、と思いました。後で聞いたところ、それまで彼女が見た自給自足っぽい有機農業の畑とは風景が違っていたそうです。きちっと管理されている畑を見て、「私は本当は『生産』がしたいんだ」と心に火がついたというのです。ものをつくる現場は、言葉より雄弁に何かを伝えることがあります。僕にとってもあれが、本当の意味での人の採用を決断したはじめての瞬間だったのかもしれません。

名人ナカヤマが畑をばっちり回していたので、採用にゆとりを持てたことも背景にあります。正直に言って、農家っぽくない女性に現場仕事ができるのかは未知数でした。が、そこに目をつぶっても、得体のしれないポテンシャルが、農園にとって力になる気がしました。一言で言えば、人に賭けた、ということです。

フタを開けてみれば、作業面での弱さは杞憂でした。ウチに来る前の一年間、農業専門学校で大型免許まで取った彼女は、現場仕事も颯爽とこなします。いい意味で裏切られました。

任せることの力

会社員時代、上司から「お前の一番の強みは、上に対してモノが言えることだ」と言われたことがあります。僕はフシミに同じことを思います。おとなしそうな雰囲気からは想像がつかないので、周りにもびっくりされます。芯に「ゆるぎない自分」がいる彼女は、盲目的に指示に従うことはしません。知識も経験も僕の方が上なので、議論になれば彼女が勝てるはずがあ

りません。それでも、「なんとなく違う」という自分の気持ちを曲げないので、無理やり従わせようとしても言うことを聞きません。

それまでのスタッフは、僕が言ったことに従ってくれる人ばかりでした。疑いなく従う人もいれば、腹の中では納得していないが、面倒なので言うとおりにしておく、という人もいます。いずれにしても僕がワンマンに振る舞っていました。それは僕には心地いいことですが、僕の思い通りにしている限り、農園が僕個人の能力を超えて成長していくことはありません。事業が自分のキャパに規定されてしまうという根本的な弱さは、解決されないのです。

その人の持っている力を発揮してもらうためには、言われたことをやるのではなく、じぶんごととして捉えてもらう必要があります。指示一つ取っても、本人が咀嚼した上で能動的にアクションを起こす、という過程を経なければ、じぶんごとにはなりません。だから、こちらの言葉を相手が進んで受け入れてくれなければ、うまくいかないのです。「いいから従え！」と強引にやってもダメです。自分という軸をしっかり持っていて、それを貫いてくれる人に会ったことで、人の力を借りるというのはどういうことか、ようやく分かりました。

最初からうまく行ったわけではありません。彼女は入社してまもなく、「こんなダサい名刺は使いたくない」と言ってきました。今までそんなことを言われたことがありません。イラッとしましたが、まぁ、でもいい機会だから意見を取り入れてみようか、と。はたして、デザイナーの川村泉さんが素敵な名刺をつくってくれました。渡した相手の評判もいい。そこで初めて、彼女が嫌がった意味が分かるのです。従業員が自信を持って自己紹介できない会社が、社会にとっていい会社であるはずがない、と。

そういう経験を積み重ねているので、本人には「僕は君というフィルターを採用しているのだから、意見はどんどん言ってくれ」と言っています。もちろん、お互いに引かないので、衝突も多いです。人に任せる、ということをこれまでやってこなかった僕は、任せるのがとても下手なのです。

中国の歴史故事集『説苑《ぜいえん》』の中に、「逆命利君、謂之忠（命に逆らいて君を利する、之を忠と謂う）」という言葉があります。「上に対してモノが言える」、逆命利君の働き方ができる人材は、個人事業から脱皮する際に不可欠です。

素晴らしいチームにふさわしい仕事を

今ではフシミは農場長として、緻密な年間栽培計画を立てることに始まり、スタッフの作業シフト作成から、顧客とのやり取り、デリバリーの段取り、さらには商品企画までを見事に取り仕切っています。とはいえ、ひとっ飛びにこうなったわけではありません。センスもガッツもない自分でも、これまでやってきたことへのこだわりが強く、簡単に仕事を任せることができずに悩んだ時期もあります。分担の線をどこで引くのかがなかなか見えず、紆余曲折がありました。

これから人を雇う方のために、うまくいかなかった経験もお話しします。雇用にまつわる悩みのひとつは、どれだけの期間働いてくれるか、という問題です。それまでは場当たり的に採用していたので、仕事を覚えた頃にやめられてしまう、ということを繰り返してきました。独立希望の人が多かったので、そもそも従業員として長く働く気のない人が多かったからです。こちらも、スキルは教えるものの、大きな判断を任せるにはどうしたらいいかを真剣に考えたことがありませんでした。「権限委譲っていうけど、分業になってからやめられたら困る」という怖さからなかなか抜け出せませんでした。

知り合いの経営者に恐る恐る相談すると、「それは誰にでもある悩みだよね」と言われ、ホッとしました。スタッフに辞められるのが嫌なら、家族経営をやっていればいいわけです。結局は長く働いてもらえるような魅力ある会社にしていくのが一番の近道。そこから逃げる方法はないのだ、と開き直れるようになりました。いなくなったらどうするのか？　それはその時が来たら考えます。

もうひとつは、渡した仕事に僕が口出ししてしまう、という問題です。創業者にありがちなことでしょうが、スタッフの仕事に勝手に自分史を重ねて見てしまうのです。同じようにやって欲しい、自分がした失敗を繰り返さないで欲しい。そう思って、先回りして答えを言ってしまうことがよくありました。それはたいてい善意からなのですが、やはりうまくいきません。

ある時、知り合いから「任せた仕事に口出しするのは、部下に対する越権行為だ」と言われてハッとしました。自分自身を振り返れば、やはり失敗を積み重ねて仕事を覚えてきているわけです。ここには書けないような恥ずかしい失敗もひとつやふたつではありません。でも、その一つひとつが無駄にはなっていない。自分は間違いなく、失敗することで成長してきました。

ロボットのように従う「作業員」を作りたいなら、越権行為もいいかもしれない。しかし、どういう人になって欲しいかといえば、やはり自分の頭で考え、問題を探して解決していける人です。失敗しないで欲しいのではなく、失敗から学べる人を育てなくてはならない。そのためには、スタッフが失敗する機会を奪ってはいけないと思うようになりました。言葉では分かっていたつもりだったのですが、実行に至るにはとても時間がかかりました。

そもそも、自分は事業にプラスになるから人を雇うのだろうか？　それも少し違うと思うようになりました。信じた仲間が、楽しく充実して働いていること自体が喜びだと思えるようになったのです。経営は厳しいので、キレイゴトばかりも言ってはいられませんが、一円でも利益を上げたり、規模を大きくすることが目的でないことははっきりしています。好きなことでメシが食える仲間を増やす。そのこと自体がとても素敵な仕事だと思うのです。「この人たちが充実した人生を送る場を提供できるのは幸せなこと」そう思えるスタッフに出会えて、本当によかったと思います。

「そんなこと、その年になるまで分からなかったの？」と思う方も多いでしょう。実際、分からなかったのです。僕は、新しいことを考え、何かを始めるのはとても得意です。決断してから、行動に移すまでの早さには自信があります。準備が不十分でも物事を始められるのが長所です。雪の上を走る犬ぞりで、先頭に配置されるのは、全体を見渡し統率する力のある犬ではなく、何があってもただひたすら前へ前へ走る犬だそうです。

僕は間違いなく先頭しか走れない犬です。他人の言うことは聞かないし、空気も読めないが、少々の困難があっても進んでいく。痛みに鈍感で、犠牲が出ることは厭わない性格です。

しかし、それだけでは長距離レースに勝つことはできません。進行方向を見極めながら、先頭犬に合図をしたり、傷ついた犬や疲れた犬のケアをして全体をうまく回すメンバーも必要です。数が集まっただけではただの「集団」だが、各々の機能が発揮されると「チーム」になる。そして、チーム力が高まれば、少数でも大きな力を出すことができる。自分たちの事業は一流のチームが取り組むに値するものだ、ということを、スタッフが教えてくれた気がします。

独立志向の人ばかり受け入れてきた僕にとって、サポータータイプの人はフシミが初めてです。飲み

込みが抜群に早く、貪欲に何でも吸収しますが、上を食ってやろうとか、出し抜いてやろうという気持ちはありません。自分の良さを生かし伸ばしてくれる環境に身を置きたいのでしょう。自分の居場所を大切にする感覚は、僕のように飽きっぽく、他人を顧みず、どんどん木を切り倒していく人間とは対照的。彼女は他人の気持ちを汲み取り、良さを生かす能力に長けています。僕がつい彼女を含む従業員の気持ちをないがしろにする行動を取ったり、傷つくことを口にすると、彼女のモチベーションは損なわれてしまいます。僕とはまったく違うタイプですが、チームにはそういう人が必要です。

とはいえ、初めての経験なので仕事をどう分担するのか、すなわち、チーム内の機能をどう整理していくのかには苦労しました。苦しんだ末にたどり着いたのは、彼女が現業を回し、僕が先のことを考えるという、時間軸をずらした役割分担です。ようやく形が見えてきた感じです。

農家を作らないための制度？

「その程度の分業なんて、会社ではよくあることじゃないか。もったいぶって話すほどのことか？」という声が聞こえてきそうです。彼女のような人材は、一般の会社にはたくさんいるのかもしれませんが、農業界では珍しいです。それはなぜでしょうか？

戦後の日本は「自作農主義」といって、耕作者が農地を所有していることを原則としました。一般のビジネスのように、オーナーが土地を所有し、雇われた人が運営や耕作を行うという形態が認められてこなかったのです。現在は法律が改正されて、借地であれば株式会社の農業参入が認められましたが、農地の所有ができる農業生産法人には、出資者や構成員などに厳しい制限があります。このような制度を長く続けた結果、農業は他産業に比べて突出して世襲での家族経営が多くなってしまいました。

現在の日本で個人が農業を始める方法は、実質的に次の3通りしかありません。

① 農家に生まれる

② 国策に沿った事業計画を提出し、都道府県知事に認可をもらって農家資格を得る
③ もぐりで始める

①はもちろん自分では選べません。②は平成に入ってからできた新規参入の制度ですが、「お上から国策のお墨付きをいただく」という、ベンチャー精神とはかけ離れた方法です。悪いとは言いませんが、この中からスティーブ・ジョブズのような人が生まれるとは思えません。
③は僕が取った方法です。もぐりとは、農地法に基づく貸借契約を結ばない方法。勝手に始めて、既成事実化するという方法です。
そもそも農地を正式に借りるには、農家資格が必要です。では農家資格を得る要件は何かといえば、一定規模の田畑を耕作していることだという。まるでエクセルの循環参照のようにループした仕組みになっているのです。なので、要件を満たすだけの土地を一度に借りられないときは、もぐりで土地を借りて農業を始め、要件を満たす規模になった時点で突然名乗りを上げて契約を結ぶ、というおかしな方法を取らなくてはなりません。

結果として、ほとんどの農業者は①の世襲での家族経営、というのが現状です。

家族経営そのものを否定するわけではありませんが、家族経営が圧倒的な状況では、農業に就く人材の幅が狭くなることは避けられません。農家は相続税や贈与税が大幅に免除されてい

るので、農業後継者は農地をほぼ無償で引き継いで営農を始められます。条件は①が圧倒的に有利。これでは、新しいアイデアを持った人が自由に参入し、既存の農家が競争に晒されるということはなかなか起きません。

最近になってようやく、第4の道として、農業法人などに雇用されて働くというケースが増えてきました。先ほどの①〜③はいずれも農業経営を自ら行うという前提です。自作農主義のせいで、新規就農は自ら経営することが前提になっています。しかし、農業の仕事をしてみたいという人全員が経営者になる必要などないし、そうすべきでもありません。たとえて言うなら、保育士になりたい人に「保育士をやりたければ、自分で保育園を立ち上げなさい」と言っているのと同じで、どう考えても無理な話です。フシミのように、自分で農業経営をするつもりのない人は、行き場がなかったのです。

日本の労働者の8割はサラリーマンです。特定の仕事に興味を持った人は、まずはどこかで働いてみながら、自分の適性を探るというのが自然なキャリアパスです。農業でもそれが自然なはずですが、外部雇用の少ない農業界では、そういう人たちの働く場は非常に限られています。これでは人材の育ちようがありません。人が育たないから、責任あるポストも増えない。悪循環です。

政府が自作農主義を採用した70年前、農業は国が主導する護送船団方式で行われていました。

競争力のない農家でも路頭に迷うことのないように全体が統制されるなかで、個々の農家が独自の経営判断を迫られることはあまりありませんでした。多くの農家には、経営をしているという感覚はなかったでしょう。農業の近代化と集約化が進み、すべての農業者に経営的視点が求められている現在とは背景が違います。

時代に合わなくなった制度を残しておくことは、新規参入者、既存の農家のいずれにも無意味な足枷をはめるもので、合理的ではありません。日本農業が弱いのは、十分な経営資源がないからではなく、それが最適に配分されていないからだと思います。後継者難が言われて久しい農業業界ですが、潜在的にやりたい人はいるのです。「嗚呼、それ真に馬無きか、それ真に馬を知らざるか」ということだと思います。

もはや「マス」は存在しない

成熟期を迎え、長い低成長の時代に入った日本では、かつてのようにはモノが売れないことは誰の目にも明らかです。新たに農業を始める人は、今後どのような認識を持つべきか。私見を述べたいと思います。

モノが売れていた時代には、農業はどのような方向を目指していたのでしょうか？　戦後の食糧難の時代から高度経済成長期にかけては、需要が供給量を大幅に上回っていました。どんな商品でも、作れば作るだけ売れた時代です。

戦後から昭和30年代の農業は、今と比べればずいぶん労働生産性の低いものでした。現在では大規模化の妨げとなっている農地解放政策と自作農主義も、目的の一つは、農民のモチベーションを上げ、食料増産に貢献してもらうことだったのです。

「食料問題の解決には、農民に安心を与えることが大切である。それには自作農を広く作っていくことだ」

終戦間もない１９４５年10月に発足した幣原内閣の松村謙三農相の言葉です。当時は、生産意欲の高揚が食糧増産の大きな鍵になると考えられたほど、機械や設備ではなくヒトに依存する労働集約的な産業だったわけです。実際に、品種改良や化学肥料・農薬の普及とあいまって、戦後から高度成長期までの四半世紀でコメの収量は6割以上も伸びています。

モノが足りなければ、質より量に関心が行くのは当たり前です。まずは国中に食べ物が行き渡ることが大事。政府主導で食糧増産政策が進められました。経済成長が加速し、食生活が多様化しても、基本的にその流れは続きました。生産品目の拡大、生産基盤の整備などに多額の税金が投入されました。未来はバラ色、イケイケドンドンの世界です。１９６６年にできた野菜指定産地制度はその典型。食卓に上る主な野菜が安定して生産されるように、大規模な供給源を作って行こうという考えです。

産地リレーというシステムもその一つ。レタスを例にとれば、寒い季節には暖かい地方で、暑い季節には涼しい地方でレタスを作り、都会のスーパーに1年中レタスが並ぶようにするのが目的です。都市近郊での小規模農業から、離れた産地での大規模生産へ。産地が遠くなる分、長距離冷蔵輸送技術も発達しました。このシステムの主眼は、いかにモノを効率よく生産して都会に「流す」かにあります。それは、どこの地方のレタスも代替可能なただのレタスだという前提に立っています。すなわち、野菜はコモディティであるという考え方です。

このような、とにかくモノは作れば売れるという時代においては、マスマーケティングの考え方が主流になります。市場関係者も、消費者ニーズを画一的なものとして捉え、ルートの系列化によって販売力を強化することに力を入れました。ここでは生産者も「四の五の言わずに、ひたすら皆がいいと思うモノをつくればいいんだ」という考えになりがちです。実際、その通りにした人が成功を収めました。当時のメロン農家が、床の間に積み上げた現金の厚みを測り、「今年の売上は○cmだった」とうそぶいていた、という話を農業資材屋さんから聞いたことがあります。

その後、バブルが崩壊し、経済成長が鈍ると同時に、市場は多様化していきました。多くの産業で、画一的に市場にモノを押しつけるマスマーケティングから、顧客の意向をくみ上げるアプローチへの転換を余儀なくされました。縮小傾向に入った市場に対応するため、ニーズに基づく商品開発を行い、ポイントを絞った販売促進を行う「ターゲットマーケティング」が主流となりました。「国民全員が欲しがる最後の商品が携帯電話」と言われるように、もはやマスマーケットというものは存在しないのです。

農業も同じ問題に直面しています。国民全員が欲しがる「ただのレタス」はもう存在しません。しかし農業は、他産業に比べて市場の細分化が遅れているのが現状です。

グローバル時代で生き残るために

農業界が時代の変化に着いていけない理由の一つは、世代交代が進まないことです。イケイケドンドン世代がいまだ現役なのです。人はそう簡単に成功体験から抜けられません。ついこのあいだメロン御殿を建てた農家に、薄利多売の薬物で日銭を稼げ、というのはやはり難しい話です。

ビジネスの世界では適切な新規参入によるプレイヤーの入れ替わりが、業界の新陳代謝をリードするのが常ですが、世襲偏重の農業ではそれが起きにくい弱さがあります。世代交代に時間がかかり、また、入ってくる人材の幅が限られるため、新陳代謝どころか、古い細胞が新しい細胞の発生を妨げるような状態に陥っているのです。

競争に晒されない既存の農家の、危機感やスピード感の欠如には驚かされます。親元でぬくぬくしている農家の息子に、先のことは心配じゃないの？　と尋ねると、

「いやぁ、おっしゃるとおり、10年か15年経ったら、親はいなくなるんですよねぇ。それまでには考えないと……」

思わずのけぞりました。来年がどうなるか分からない緊張感の中にいる僕たちと比べると、まるで別世界。農業だけ世界から隔離されているようにすら感じます。

回転ドアを少しまわせば　外の空気が流れ込むけどあわてて
とめに来るよ　制服着たボーイが
（……）
ここは置き去りの時のないホテル
20世紀を楽しむ場所
ひげを抜かれたお客はみんな
けっしてここを出てはいけない
けっして

松任谷由実「時のないホテル」

こんななかで、新規就農者はこれからどうしていったらいいのでしょうか？　日本の農家を漁師にたとえるなら、これまでは、政府の防波堤に守られた小さな港で、静かに手漕ぎ船の櫂《かい》を握って細々と魚を捕っていれば、いつまでも家族で暮らすことができました。しかし、グローバル経済の大きな海は、それを許してはくれません。誰も知らないような田舎の入り江ですらも、そこに捕るべき魚がいれば、世界中の漁船から狙われる。そんな時代です。

では、皆が大型漁船で遠洋に出ていかなければならないのでしょうか？　僕はそうは思いません。ただ、他の船の様子を見ながら、どの場所で、どんな魚を狙うべきかを考えなければならない時代になったことは間違いありません。なんとなく釣り糸を垂らしていても、かかる魚はいません。

日本の農産物市場をどうするかについて、さまざまな意見があることは承知しています。議論は大いにすべきです。ただし、好むと好まざるとに関わらず、もう日本の海はグローバルな海と繋がってしまっています。ＴＰＰが来ようが来まいが、私たちが静かな入り江だと思っていたところはもう外洋なのです。はちまき姿で、政府に防波堤を作ってくれと陳情するのも結構だけれど、まずは舵を握らないと転覆するよ、と思ってしまいます。

「誰もが食べる野菜」はどこにもない

しかしながら多くの農家は、どうしたら生き残れるかなどとは考えていません。なぜでしょうか。それはそもそも「農家」と呼ばれる人の多くが、農業で生計を立てているプロの農業者ではないからです。農水省の定義する農家とは「経営耕地面積が10アール以上又は農産物販売金額が15万円以上ある〈世帯〉」のことです。「農家」は、農産物の生産販売をする人を指す言葉ではないのです。10ａの農地や、15万円の売上というのは趣味の世界、家庭菜園です。まるで、軽トラックを所有している世帯を「運送業」と呼ぶようなもの。そんなプロではない「農家」に、グローバル経済の中でのポジショニングは？　などと聞いても答えが返ってくるわけがありません。

しかし、数の上では、全「農家」の実に6割が年間売上１００万円以下、すなわち農業で食っているわけではない世帯なのです。ちなみに、そのうち1割は売上ゼロ。農家の平均年齢が66歳だとか、平均所得が２００万円といった数字を目にしますが、そのうちの1割は農業生産すらしていないということを知っておく必要があります。

農業をしていない農家や、その人たちを農家としてカウントしたい人たちについても言いたいことはありますが、それはまた別の機会に譲りましょう。大事なことは、これからプロになりたい人は、そういう存在に惑わされてはいけないということです。

話を、新規就農者が進むべき道に戻します。

マスマーケティングの時代、作られていた野菜は画一的でした。どこでも同じものを作っているのですから、農業者が売上を伸ばすには、大ざっぱにいえば、生産量を増やすか、品薄の時期に生産して高値を狙うかしかありませんでした。

今は、違います。同じレタスでも、加工用なのか生食用なのか、サラダ用なのか加熱用なのか、安売りスーパーで売るのか百貨店で売るのか、多様化したニーズに応じて、様々な生産・流通の形態があります。価格や規格重視のコモディティ市場もあれば、ほかとは違うことがブランド力になるスペシャリティ市場もあります。一般には、コモディティが低付加価値、スペシャリティが高付加価値と捉えられがちですが、必ずしもそうではありません。

たとえば有機野菜のような、生産プロセスに特徴を持つ野菜は、その違いが一見して分かるものではありません。特徴がパッとは分からないが、ストーリーや背景が、特定の消費者の心を打つ、そんな商品もスペシャリティだと言えます。フェアトレード商品などはその代表格です。

皆が同じものを欲しがっていた時代は、生産者も消費者もシンプルでした。「メロン」が万人にとって美味しい果物なら、甘いメロンをたくさんつくればそれだけ儲かりました。一日でも早く市場に供給すれば高値がつきました。

しかし、一通りのものが行き渡ってしまった今、「糖度合戦」「早出し合戦」のような仕掛けだけでは、人は振り向かなくなりました。むしろ、仕掛けの匂いそのものが嫌がられるようになったのです。もちろん、今後もそういう仕掛けを好む層は一定の割合で残るでしょう。逆に、農産物に特に思い入れのない層は、1円でも安いものを求めて終わりのない値下げを望むでしょう。そこに対しては、生産・流通はさらなるコストダウンを図る必要があります。

しかし、これらの旧来のやり方だけでは、すべてのお客さんの要望に応えることはできません。他とは違うものが欲しい、というニーズは増え続けています。僕たちの「小さくて強い農業」は、結果的にそういうニーズに対応するものです。50種類以上もの野菜を、有機栽培して直接お客さんに届けるというのは、セオリーからは外れています。もちろんそこには様々な栽培上の理由もありますが、根底にあるのは、「全部自分たちでやりたいから」という、合理性とは別次元の「こだわり」です。なぜ、と聞かれても、「他のやり方にはグッとこないから」としか答えようがありません。合理性からはみ出した「グッと」を追求する農業、これを僕は「変態型」と呼んでいます。

社会不適合な資質こそが武器になる

人は皆、社会からはみ出した変態性を持っています。ただ、社会との折り合いがつかないので、普通の人は一般的なやり方に合わせます。しかし、ワガママなこだわり＝自分たちにとっての価値を、市場での価値に結びつけることができれば、それはそれで成立します。これまで繰り返し述べてきたように、僕は、戦略的に市場にアプローチしたわけではありません。ワガママを貫きたいので、その変態性を買ってくれるのは誰かを、ずっと考えてきたのです。

細かいニーズに応えるというのは、言うは易しでなかなか難しいことです。10人が10人欲しい物であれば、人の目に触れるようにさえしてあげれば、お客さんは見つけられます。一方、変態な商品は、10人のうち1人にしか刺さらないのですから、お客さんを10人見つけるには、100人の目に触れる必要があります。「ニッチな商品を扱う者は、むしろマーケット全体を意識しないと成り立たない」、これは会社員時代に学んだことです。「変わった野菜を作っても、田舎の直売所では売れないんだよ」とぼやく農業者は多いです。それはそうでしょう。数が出ないもので経済を成り立たせるためには、パイが大きいことが不可欠だからです。だからこそ、マニアックなお店や前衛的な芸術は、東京に集まってしまうのです。

しかし、今は同じ価値観を持った人とつながることが以前より容易になりました。インターネットと宅配便のおかげです。新しいコミュニケーションツールの登場によって、情報発信をしていれば、それを求めるお客さんに効率的にリーチすることができます。地方の小売店で1勝9敗の営業を続けるより、理に適ったアプローチです。しかも、お金はそれほどかかりません。必要なのはやる気だけです。また、日本は北海道の先から沖縄まで、宅配便の流通網があまねく行き渡っています。茨城からであれば、青森から四国まで、翌日に荷物が着いてしまう。この2つを利用すれば、農協に代表される既存の流通の縛りを受けずに、独自のビジネスを組み立てることができます。

たとえば家族で生きていくのに400万円要るとしましょう。利益率50%として、年間800万円の売上が必要です。この場合、客単価3000円の商品を月に220個売ればいい計算になります。あらゆるツテをたどって本気で営業すれば、手が届かない数字ではないでしょう。あるいはビニールハウスを20a建てて、市場規格のきゅうりを50tくらい出荷しても同じ収益になります。どちらを選ぶかは好みの問題ですが、前者のやり方も取れる時代になったということです。

直販型の農業が正解だと言うつもりは毛頭ありません。仕事が分散する分、経営効率は悪いですし、ビジネスの規模にも限界があります。強調したいのは、農業にはまだ既存のプレイヤーが手を付けていない分野があり、そこにはまだ摘める花がたくさん咲いているということです。

生産だけでなく流通に手を伸ばすことによって、仕事に幅を持たせることができます。

流通の機能には、大きく分けて、物流・情報・決済の3つがあります。このうち情報と決済に関しては、ここ10年のＩＴの発達により選択肢が広がりました。先に述べたとおり、宅配便のネットワークは既にできあがっています。割高ですが、手段はあるのです。世界を見渡しても、小口の物流網がこれほど発達した国はありません。強みを生かした小規模農業は、どこからでも可能になりました。現代はまさに、変態の時代なのです。

繰り返しになりますが、変態型農業がすべてではありません。大規模化でマスマーケットを狙う農業も、コストパフォーマンスの高い中間ボリュームゾーンを狙う農業も必要です。市場規模で言えばそれらの方がはるかに大きいのです。変態型農業はインパクトこそありますが、全体に占めるシェアは非常に小さいものです。

だから農業界では、規模拡大の大合唱になっています。実際、水稲稲作では、現状では20 haくらいまでは、規模を拡大すればするほど生産コストが下がります。現行の農家平均1～2 haでは土俵にすら上がれません。一定の集約が進まないと、普通の米づくりでは生き残れないのです。

しかし一方で、日本の農地の40％は中山間地です。20 haへの集約が不可能な地域もたくさん存在します。そういう場所では、これまでのような一般品としての米づくりを補助金なしで成り立たせることは、もう無理なのです。中山間地の農業を、農産物の供給源としてではなく、国土保全や伝統文化維持のための社会政策として税金で支えるのか。その良さを生かした小さくて強い農業を増やしていくのか。どちらが素敵かは国民が考えて決めることです。

今後のマクロな経済環境は、農業経営にとって厳しいものです。人口減に伴う需要減、市場開放による価格の下落。漫然とやっているだけでは生き残れないのは明らかです。

僕らが取り組んでいる直販型農業は、手間はかかるし、大儲けはできませんが、うまくやれば少なくとも一定の利益を上げることはできます。価格競争をしないモデルなので、収益が急速に悪化することも少なく、税金の補填を必要としません。しかも低コストで始められ、高度な栽培技術も不要です。とりうるポジションの選択肢が拡がる中で、農業者は自分の置かれた条件、持っている強みを生かしたやり方を選べばいいし、そうするべきです。その時、新規就農者とのマッチングがいい選択肢の一つは、間違いなくニッチ狙いの変態型農業だと僕は思っています。

社会のサブシステムとしての農家

大学で経済学を学んだ時、個人の活動は、大きな世界の一部だということを知りました。新聞で読む「日本経済」はどこか遠い世界の話に思えますが、分解していくと、それを構成する歯車は一人一人の日々の営みです。どんなに小さくても、ひとつひとつの歯車がちゃんと回っていなければ、大きな経済も回りません。つまり、個人の活動はすべて社会のサブシステムなのです。

システムのどこを受け持つかは、生まれた時代、場所、やりたいことによって様々です。でも、それぞれの人が与えられた仕事をちゃんとこなさなければ、世界は回りません。世の中を変えたい、と思っている人は多いでしょう。世の中を変える方法は、銃を持って戦ったり、政治家になることだけではありません。それぞれが、目の前のやるべきことをやることで、世界はいい方に変わっていきます。

僕は、ごくワガママな個人的動機で農業を始めた人間です。それでも、経営が成り立ってくると、自分の農園が大きなシステムの一部として機能していることを感じずにはいられません。自分一人の懐を肥やすことに力を使ったところで、たいした金は残りません。それよりも、せっかくの場を使って、集まって来る人たちと面白いことをしていくことの方が仕事として意味がある、と今は思っています。久松農園はちっぽけな経営体ですが、同じように「小さくて強い農業」をやりたいという人には提供できるものをいろいろ持っているので、これからの時代を担う人材を育成することにも貢献できたら、と思っています。多品目栽培で小売までやる農園なので、右から左まであらゆる仕事を何でも経験できる。それが小さい経営体で働く良さです。事業として、独自性のある商品を追求すれば、おのずと働く人にもオリジナリティが求められます。決して簡単ではありませんが、やる気のある人、既存の仕事では飽き足らない人にはやりがいのある面白い仕事です。その面白さを、職人として一生掘り下げていくのも一つの道でしょう。しかし、興味を持った人たちに、面白い仕事ができる場を提供するのも、取り組む価値のある大事な仕事ではないか。そう思うようになりました。自社だけでできることは限られますが、他の仲間や自治体と手を組んで、新しい農業の担い手を増やせたら、と考えています。

新規就農して15年、僕の農業はまだまだ始まったばかり、というのが正直なところ。自分のような未熟な者に何が語れるのか、という思いもありますが、一方で、そんなことを言っていたらいつまで経っても次の世代が育ちません。会社勤めの同世代の友人たちは皆、続々と入社してくる若者と接し、励まし、悩み、彼らを育てています。どうして、農業をやっている自分だけが、その役割から逃れられるでしょうか?

僕一人にできることは、農業全体の中ではとるに足りないことです。それでも、僕は次の人たちに学ぶ場を提供したいし、そうしなければならないと思っています。これまでに培ったネットワークを生かして、他と連携していけば、何か面白いことができるのではないか、そんな予

感がしています。
　僕の提唱する小さくて強い農家が、各県で１００軒、日本全体で５０００軒くらいになると、そのシェアは全体の１％に達します。農業者の１％が小さくて強い農業に変わったとき、農業全体が少しずつ動き出します。そうして、雪崩を打ったように日本の農業が大きく変わっていく姿を生きているうちに見るのが、僕の密かで意地の悪い夢です。

あとがき――今を生きる

あなたにとって農業とは何ですか、と聞かれることがあります。「今」を感じられる仕事、というのが僕の答えです。野菜は、刻一刻とその姿を変えます。蒔いた種の芽が出て、花を咲かせ、やがて実をつける。それでも、大切に育てたいという思いをあざ笑うかのように、虫は襲いかかり、風は枝を折ります。気まぐれな天気は毎年変わり、ミスは繰り返される。結果が100%担保されることなどありません。

しかし、思い通りにいかないからこそ、その過程のすべてが面白い。作物が健康かどうかは、野菜の「顔」で見よう、というのが僕の口癖です。人の働きかけの結果も、自然の猛威がもたらすものも、そのまま野菜の顔に表れる。良くも悪くも今を実感できる面白さが、この仕事にはあるのです。

教師や親から、「今日できることは明日に延ばすな」と言われた経験はありませんか？　僕も子供の頃に何度も言われました。アリとキリギリスの喩えを引きながら、

「目の前の好きなことばかりやっていたら、我慢して努力する人と差が開いてしまうんだぞ」と言われてシュンとしたものです。

でもキューバには「明日できることは今日するな」という諺もあるそうです。今日という日は二度とやってこない。今日は、今日にしかできないことだけをやれ、という意味です。真逆の考え方ですが、大人が子供にそう言って聞かせる国もあるのです。

磯村英樹という詩人に「途中」という、とても好きな詩があります。

いま〝途中〟だとおもっている顔が
電車に並んで腰かけている
立って吊革にぶら下っている
電車が終着駅へ着けば次の電車へ乗り換え
電車を下りても途中
家に辿りついても途中
飯を食うときも途中
眠っているときも途中

なにかが行く先にあるような気がして
死ぬまで途中の顔をしているにちがいない
そんな中途半端な顔ばかりが並んでいる
いまを生きている顔はいないのか
見廻していると
いきなり清冽な水しぶきを浴びせられた
頭のてっぺんから足のさきまで
しゃきっとピアノ線がとおっているその女
なにかをいまに賭けようとするその姿勢
くりくりすばしこいけものの眸
きびきびしなやかなさかなの指
なんと水ぎわだった鮮やかさだ
息をのんで見つめていると女もぼくに気がついた
そして電車が止ったとき
女はさりげなくぼくに寄ってきて
いかにも人に押されたように

やわらかい強みのあるからだを押しつけ
あやしく燃える眼差しでぼくの心を串刺しにし
その瞬間の充足に慄えるぼくの胸から
しずかにすばやく財布を抜去っていた
そのとき
途中の顔が目白押しに並んでいる電車の中で
途中の軌道を脱し得たぼくが
刹那の愛に燃えたついのちの火に明るみながら
かがやかにそこに生きていた

サラリーマンの頃、この詩を印刷して財布に入れて持ち歩き、ことあるごとに読み返していました。

「やりたいことが見つかるまでの間だから」「お金のために仕方がないから」。「その先」に何かがある気がして、お前は一生途中の生き方を続けるのか？　自分にそう問いかけていました。

「今日できることは明日に延ばすな」という教育は、言い換えれば、明日のために今日を我慢する生き方です。先延ばしにしていけばいいことがあるよ、というのは、経済が成長を続けていた時代の幻想に過ぎません。社会学者の上野千鶴子の言葉を借りれば「親や先生は二言目には、将来のためにがんばりなさいと言うけれど、そんな生き方はみんなカラ手形」(『サヨナラ、学校化社会』ちくま文庫)だったのです。子供時代は、大人になるための準備期間では断じてありません。子供の時間は、子供の時にしかできないことをやるためだけにあるのです。

自分がいつ死ぬか分かっている人はいません。私たちは、人生がどこで終わるかは分からずに生きています。だとすれば、明日のために今日を我慢するという生き方をしている限り、目的は絶対に達成されません。僕は、そんな不全感に満ちた生き方をしたいとは思いません。やりたいことを、やりたい順番にやる、ということだけが、僕にとっての人生の目的を全うする方法なのです。

「農業は大変でしょう」と言われることがあります。たいていは否定的なニュアンスです。ああ、この人は、大変かどうかだけで仕事を判断する人なんだな。かわいそうだなぁ、と思ってしまいます。そういう生き方をしている人は、今を生きる面白さを味わえないで一生を終わるかもしれないからです。

労働と仕事は違います。嫌なことをする代償としてお金をもらう、それは仕事を売る行為ではなく時間を売る行為。それはただの労働であり、それをする人は要員です。僕にとって、仕事とは、自分の持っている物を全部出して、何かに真剣に取り組むこと。そこで生まれる工夫の面白さ、結果が出る充実感、そして、それが世の誰かを喜ばせる満足感が、仕事の喜びです。世の中の人みんなが、そういう生き方をすれば、世界はたちまち変わると思います。

喜びを他の誰かと分かりあう！　それだけがこの世の中を熱くする！

小沢健二「痛快ウキウキ通り」

怠惰で逃げグセのある僕にとって、農業は、本当の仕事の喜びを教えてくれる存在です。「おい、こっち向いて手抜かずにやれ」って、野菜の方から語りかけてくれるのですから。

編集者の柳瀬徹さんからこの本の企画をいただいたのが２０１３年8月。このあとがきを書きながら最初の企画書を読み返してみました。ブログを始めた２００６年以前の8年間は日記も残っておらず、記憶の彼方に行ってしまった過去を掘り起こすのは、思ったより大変でした。結果的に書く時期も、内容も、最初の企画からずいぶんずれてしまいました。

好きなことを仕事にしている僕には、仕事とプライベートに区別がありません。農業に熱くなって心が動くとき、頭の中で好きな本の一節が頭に浮かんだり、曲が流れたりします。そういう思考の断片が伝えられれば、と思って挑みましたが、筆力の限界をまざまざと感じました。それでも正直に書くということだけは貫けたと思っています。

ワガママ放題の僕を励まし、助言を下さった柳瀬さんと晶文社の安藤聡さん。気持ちよく執筆する環境をつくってくれたスタッフ、家族に感謝を述べて、筆を置きたいと思います。

2014年10月29日　久松達央

それでも農業をやりたい人のための100冊

・専門書を避け、事前知識がなくても読めること、同じテーマの中で最も読みやすいもの、を基準に選びました。
・すぐに効く「肥料」ではありませんが、「地力」を高める効果があります。

働くということ編

黒井千次『働くということ』講談社現代新書
　そもそも勤めるとはどういうことか。
上野千鶴子『サヨナラ学校化社会』ちくま文庫
　親や教師に従って、未来のために「今」をガマンしつづけるのか？
立花隆『青春漂流』講談社文庫
　挫折し、大胆に方向転換した若者たち。迷い、放浪し、自分の仕事を掴む。
鎌田慧『新装増補版　自動車絶望工場』講談社文庫
　自動車工場で働きはじめた34歳のぼくを待っていたのは、人間性を奪うほど苛酷で絶望的な仕事だった。
スタッズ・ターケル、中山容訳『仕事！』晶文社
　仕事を語ることは、人生を語ること。名もなき人たち133人の言葉。
三浦展『夢がなくても人は死なない　好きな仕事を探すより、仕事を好きになりなさい』宝島社
　人のためにするのが仕事。自分のためにするのは趣味。
村上龍・はまのゆか『新13歳のハローワーク』幻冬舎
　好きな仕事は、探して見つけるものではなく、出会うものである。

目覚め編

真壁仁編『詩の中にめざめる日本』岩波新書
　生きることは詩であり、民衆は詩人である。
水上勉『土を喰う日々　わが精進十二ヵ月』新潮文庫
　何もない台所で、客の心を忖度《そんたく》し、わずかな材料をすりつぶし、煮て、皿に盛る。
宇根豊『農本主義へのいざない』創森社
　「百姓仕事」と「農業技術」の違いは何かをしつこく、しつこく問う。

星野道夫『旅をする木』文春文庫

「あの時、神田の古本屋で、あの本を手にしていなかったら、ぼくはアラスカに来なかっただろうか。いや、そんなことはない。それに、もし人生を、あの時、あの時…とたどっていったなら、合わせ鏡に映った自分の姿を見るように、限りなく無数の偶然が続いてゆくだけである」

尾瀬あきら『新装版　夏子の酒』1～6、講談社漫画文庫

「この町ひとつ席捲できなくて、どうして世界を席巻できるんですか？」

華麗なる転落編

エルネスト・チェ・ゲバラ、棚橋加奈江訳『モーターサイクル・ダイアリーズ』角川文庫

「果てしなく広いアメリカをあてどなくさまよう旅は、思った以上に僕を変えてしまった」

安土敏『企業家サラリーマン』講談社

「事業に成功する秘訣とは、当たり前のことをちゃんとやることだ」

茨木のり子『落ちこぼれ』理論社

「自分の感受性くらい／自分で守れ／ばかものよ」（「自分の感受性くらい」）

野田知佑『旅へ　新・放浪記〈1〉』文春文庫

「ぼくの周辺に現れる大人たちは大ていぼくの顔を見ると『早く就職してマジメになれ』と説教した。馬鹿メ、とぼくは心から彼等を軽蔑した。マジメに生きたいと思っているから就職しないで頑張っているのではないか」

村上龍『人生における成功者の定義と条件』NHK 出版

人生の成功者とは、その人の人生における目標を達成した人、という言い方ができるかもしれない。

三浦雄一郎『冒険の遺伝子は天頂へ』祥伝社

「『無理をしないでください』『生きて帰ってきてください』。みんなが僕に言った。しかし、無理をしなければ行けない。死ぬ気でチャレンジしなければ生きては帰ってこられない」

金子美登『いのちを守る農場から』岩崎書店

有機農業の本質は技術や付加価値ではなく、田畑に生存する微生物や昆虫たちの生態系を守り、大自然と土そのものの力で健康な作物を育てようという農家の思想にある。

中桐雅夫『会社の人事　中桐雅夫詩集』晶文社

「おれはおれの笛を吹いているんだ／人が踊ろうと踊るまいと／知ったことか」

予防接種編：若いうちなら抗体ができて体の一部になる。オトナになってからでは重症化しかねない。

福岡正信『自然農法　わら一本の革命』春秋社

すべては自然を離れた人間の知恵の一人相撲だ／無智　無価値　無為の自然に還る以外に道はない／一切が空しいことを知れば一切が蘇る／これが／田も耕さず肥料もやらず農薬も使わず草もとらず／しかも驚異的に稔った／この一株の稲が教えてくれたる緑の哲学なのだ

川口由一『妙なる畑に立ちて』新泉社

「自然の営みを観ずに目標をかかげ、自らに何かを課し、律し、理するあり方、意志力にたのむあり方は、本来本然の生命の営みからはずれて害を招くことになります」

ルドルフ・シュタイナー、新田義之他訳『農業講座　農業を豊かにするための精神科学的な基礎』イザラ書房

「肥料とともに地中に入らねばならない窒素は、全宇宙の働きかけのもとで形成されねばならず、生命をもった窒素でなければなりません」

桜沢如一『食養人生読本　マクロビオティック健康と幸福の人生設計』日本CI協会

「食養にとらわれてはいけません。食養の原理、無双原理、宇宙の秩序をつかまえなくてはダメです」

ビル・モリソン、レニー・ミア・スレイ、田口恒夫他訳『パーマカルチャー　農的暮らしの永久デザイン』農文協

デザイン、コミュニティ、ライフスタイル、気づき、永続、文化。

経済を見る目編

内橋克人『経済学は誰のためにあるのか　市場原理至上主義批判』岩波書店

経済学は本当に必要な問いに答えているのかを根源から考える対論集。

内橋克人・奥村宏・佐高信編『日本会社原論３　会社人間の終焉』岩波書店

日本型経営が崩れていく中、会社員という生き方を問う。

宇沢弘文『経済学は人びとを幸福にできるか』東洋経済新報社

近代経済学は価格設定されない“もの”に価値を置かず、マルクス経済学の階

級的視点は“人間性”を考慮していない。
村上龍『おじいさんは山へ金儲けに　時として、投資は希望を生む』幻冬舎文庫
昔話を題材に「投資」の考え方を学ぶ。自分自身の資質や資源、現在と将来の価値の比較、ものごとの優先順位、リスクやコストや利益を知る上で重要。
西原理恵子『この世でいちばん大事な「カネ」の話』角川文庫
自分でカネを稼ぐことは自由を手に入れること。

ものをつくる編
小関智弘『ものづくりに生きる』岩波ジュニア新書
つまらない仕事というものはない。仕事をつまらなくする人間がいるだけである。
浦谷年良『「もののけ姫」はこうして生まれた』徳間書店
「創りたい作品へ　造る人達が可能な限りの到達点へとにじりよっていく、その全過程が作品を創るということなのだ」―宮崎駿 。同題のDVDも必見。
本田宗一郎『私の手が語る』講談社文庫
「私の手は、私がやってきたことのすべてを知っており、また語ってもくれる。私が話すことは、私の手が語ることなのだ」
秋元久雄『高学歴大工集団』PHP研究所
IQの高い若者こそ大工になれ！
内橋克人『匠の時代』講談社文庫
世界を変える技術も、名もなき人がつくっている。『個人史』から捉え直す技術開発史。
『増補新版　大瀧詠一』河出書房新社
「分母分子論」収録。あらゆる文化に応用が利く極めて重要な指摘。

「有機農業」を掘る
松下襄『絵本　東の医学・西の医学』川島書店
「体を耕す」中国医学は農耕の医学。
吉田太郎『有機農業が国を変えた　小さなキューバの大きな実験』コモンズ
ソ連崩壊で食糧危機に陥ったキューバが選択した、「結果としての」有機農業。
藤井平司『本物のやさいつくり』農山漁村文化協会
「荒っぽい近代化」で野菜の質と農家の腕が落ちていった時代の空気を知る良書。
細田衛士『グッズとバッズの経済学　循環型社会の基本原理』東洋経済新報社
何がゴミになるかを決めるのは、そのモノの物理的性質ではなく、経済的な関

係によって決まる。
蓮村誠『病気にならない「こころ」と「からだ」のつくり方』PHP 研究所
素直なあなたをそうでなくさせる環境も、食べ物も、人も、毒である。

生き物を知る
日高敏隆『動物にとって社会とはなにか』講談社学術文庫
社会とは、同種の動物の種個体群にみられる個体間関係の全体。
立花隆『サル学の現在』文春文庫
ヒトとチンパンジーのゲノムは98%以上が相同。人を人たらしめているものは何か？
西田利貞『新・動物の「食」に学ぶ 』京都大学学術出版会
動物にとって、美味しいとはどういうことか。
鷲谷いづみ『生態系を蘇らせる』NHK ブックス
人間にとって、生態系は“ 金の卵を産むニワトリ ”にたとえることができる。適正な範囲での利用であれば、持続的にさまざまな資源、財、サービスなどを提供してくれるからである。
福岡伸一『動的平衡　生命はなぜそこに宿るのか』木楽舎
私たちは「私たちが食べたもの」にすぎない。生物は分子の「流れ」の中の「淀み」なのである。

地図編　今どこを歩いているのか
網野善彦『日本の歴史をよみなおす』ちくま学芸文庫
「現在の転換期と同じような大きな転換が南北朝動乱期、十四世紀におこったと考えられる」非農民層にスポットを当てて歴史を捉え直す。
溝口優司『アフリカで誕生した人類が日本人になるまで』ソフトバンク新書
日本人は、いつどのようにして、日本人になったのか。
中尾佐助『栽培植物と農耕の起源』岩波新書
佐々木高明『日本文化の基層を探る　ナラ林文化と照葉樹林文化』NHK ブックス
人類文明の傾向は原生植物に起因している。日本の東西の文化の違いをその植生の差から読み解く。岩田進午先生の土の話と合わせて読むと、さらに興味深い。農業は、自然条件とも、政治経済とも深く絡んでいる。
民族文化映像研究所『姫田忠義対談集〈1〉 野にありて目 耳をすます』はる書房
日本の基層文化を映像で記録してきた民族文化映像研究所の姫田氏の対談集。

興味を持った人は、ぜひ映像作品を見られたし。
苅谷剛彦・増田ユリヤ『欲ばり過ぎるニッポンの教育』講談社現代新書
学校も教師も「魔法の杖」ではない。現実的な改善策とは何か。

農業を俯瞰で見る編

農文協文化部『管理される野菜　商品流通と品質主義』農山漁村文化協会
「量から質へ」のスローガンの下、市場流通がいかに管理されていったか。野菜の「品質」とは何かを問う。
神門善久『さよならニッポン農業』NHK 出版生活人新書
多くの人が口をつぐむ農地の問題に斬り込む。農家は弱者ではない。
星川清親『栽培植物の起原と伝播』二宮書店
野菜はすべて、世界のどこかで自生していたもの。
本多勝一『ニューギニア高地人』朝日文庫
「農耕」とは何か、「自給」とは何か、を考えさせられる。
山下一仁『農業ビッグバンの経済学』日本経済新聞社
真の食糧安全保障策とは何か。政治経済学的な処方箋。

実践　栽培編

大平博四『大平農園の野菜づくり　無農薬有機農法』学研
実践から生まれた技。こういうベーシックな有機農業を学ぶ場がほとんどなくなってしまった。
日本有機農業研究会・種苗部編『有機農業に適した品種 100 撰　2000 年版』日本有機農業研究会
多品目有機農業における品種選択の文脈は、小さくて強い農業の根幹。
井原豊『図解　家庭菜園ビックリ教室』農山漁村文化協会
論より証拠の野菜づくり。初心者にやってみたいと思わせる。
大井上康『家庭菜園の実際　栄養週期理論の作物づくり』日本巨峰会
難解すぎる栄養周期理論を初心者向けに解説。
橋爪健『新版　緑肥を使いこなす　上手な選び方・使い方』農山漁村文化協会
緑肥という技術を学ぶことは、栽培そのものを深める上でも有用。
西尾道徳『有機栽培の基礎知識』農山漁村文化協会
語れない部分があっても、やれるところからやる勇気が大事。

西尾道徳『土壌微生物の基礎知識』農山漁村文化協会
　農業の近代化が進んだからこそ、生物性が大事になった。
岩田進午『「健康な土」「病んだ土」』新日本出版社
　農業土壌学の第一人者が語る土の現在と未来。

実践　ビジネス編

キングスレイ・ウォード、城山三郎訳『ビジネスマンの父より息子への30通の手紙』新潮文庫
　「おそらく常識が実業界の戦いに携えていく最良の武器だろう」
杉山経昌『農！　黄金のスモールビジネス』築地書館
　小さくて強い農業の商売面を明快に解説。
畑村洋太郎『失敗学のすすめ』講談社文庫
　失敗は客観情報ではなく、主観的に残す。データの残し方が変わる考え方。
佐々木俊尚『自分でつくるセーフティネット　生存戦略としてのＩＴ入門』大和書房
　フリーで生きていくために必要なしなやかさとしたたかさ。
梅原真『ニッポンの風景をつくりなおせ　一次産業×デザイン＝風景』羽鳥書店
　一次産業を残すことは、風景を残すこと。地域を生かして生き延びる。
子安大輔『「お通し」はなぜ必ず出るのか』新潮新書
　飲食業は商売の原点。ロジカルな語り口でビジネスが誰にでも分かる。
野口悠紀雄『超「超」整理法　クラウド時代を勝ち抜く仕事の新セオリー』講談社文庫
　もはや整理は必要ない。片付けられない人々への福音の書。
本多勝一『新装版　日本語の作文技術』講談社
　美文は必要ない。論理的に、簡潔に伝える術を身につけるために必須の書。
澤浦彰治『小さく始めて農業で利益を出し続ける７つのルール　家族農業を安定経営に変えたベンチャー百姓に学ぶ』ダイヤモンド社
　日本の農業が企業に変わっていくための道しるべ。
マイケル・Ｅ・ガーバー、原田喜浩訳『はじめの一歩を踏み出そう　成功する人たちの起業術』世界文化社
　一流企業は名もない会社であった頃から、一流企業のような経営をしていたからこそ、一流企業になれたのである。

人と仕事をする編

野村克也『野村再生工場　叱り方、褒め方、教え方』角川oneテーマ21

「知」に絞れば、弱いチームも強くなれる。

石田淳『行動科学を使ってできる人が育つ！　教える技術』かんき出版

「行動」に分解して共有する術。

マーカス・バッキンガム、ドナルド・O・クリフトン『さあ、才能（じぶん）に目覚めよう　あなたの5つの強みを見出し、活かす』日本経済新聞出版社

人は変わらない。できもしない「弱みの克服」ではなく「強みを伸ばす」ことに集中すべき。人への考え方が大きく変わる。

鈴木敏夫『仕事道楽　新版　スタジオジブリの現場』岩波書店

仕事は公私混同で。個性の強い天才たちといかに付き合うか。

福島徹『福島屋　毎日通いたくなるスーパーの秘密』日本実業出版社

まっとうなものを、正面から売って、お店が成り立つにはどうすべきか。

楠木建『「好き嫌い」と経営』東洋経済新報社

良し悪しには差が出ないが、好き嫌いには恐ろしいほど個性が表れる。

食う！　編

鳥山敏子『いのちに触れる　生と性と死の授業』太郎次郎社

生きものは、他のいのちを食べなければ生きていけない罪深い存在なのだ。

宮沢賢治『ビジテリアン大祭』角川書店

底の浅い菜食主義に辟易している人へ。

松永和紀『お母さんのための「食の安全」教室』女子栄養大学出版部

科学で考える食の安全をやさしく丁寧に解説する。これ一冊あればOK。

伏木亨『人間は脳で食べている』ちくま新書

「おいしさ」とは、生理的、文化的な数々の複雑な要素を組み合わせて、脳が決めていることである。

NHK取材班『人間は何を食べてきたか　「食」のルーツ5万キロの旅』NHK出版

食べ物はどこで生まれ、食卓にのぼるようになったのか。興味を持った人は、DVD全8巻も必見！

辺見庸『もの食う人びと』角川文庫

食うことが当たり前になってしまった日本を離れ、苛烈な食の現場をルポ。

千松信也『ぼくは猟師になった』新潮社

自分で食べる肉は自分で責任を持って調達する、というごく自然な営み。

岩村暢子『普通の家族がいちばん怖い　崩壊するお正月、暴走するクリスマス』新潮社
　普通の家庭の普通の食卓を淡々と記録することであぶり出された、破滅する食習慣と人間関係。
小島正美『正しいリスクの伝え方　放射能、風評被害、水、魚、お茶から牛肉まで』エネルギーフォーラム
　本当のリスクは、モノか、それとも情報の伝わり方か？

迷子になったら編

魯迅、竹内好訳『野草』岩波文庫
　「牛皮と廃鉄でできた甲冑にかれは庇護を求めない。かれは自分があるだけ、武器は蛮人のつかう投げ槍だけだ」（「このような戦士」）
ひろさちや『因果にこだわるな　仏教ならこう考える』春秋社
　世界は「今という状態」に過ぎない。原因を追求することに意味はない。
アルボムッレ・スマナサーラ・養老孟司『希望のしくみ』宝島 SUGOI 文庫
　「生きがい」を探して苦しむ人は、皮膚病で機嫌が悪くてあたり構わず噛みつく犬と同じ。
宮﨑駿『風の谷のナウシカ』徳間書店
　「私達は血を吐きつつくり返しくり返しその朝をこえてとぶ鳥だ!!」
むのたけじ『詩集たいまつ』評論社
　「疑わない善意は、きまって自分にあいそをつかし、やがて他人を裏切る」
黒田硫黄『茄子』講談社
　「『親の言葉となすびの花は千に一つの無駄もない』ありゃ嘘だ。ボロボロ無駄花が落ちる。それでいていくらでも手がかかる。土も食う。おまけに栄養もない」
上野千鶴子・湯山玲子『快楽上等！　3.11 以降を生きる』幻冬舎
　男を黙らせる技術として、女は「女装」する。本音で語る女の幸福。
伊丹万作『戦争責任者の問題』（Kindle 版）ゴマブックス
　「だまされたものは正しいとは、古来いかなる辞書にも決して書いてはないのである。だまされたとさえいえば、一切の責任から解放され、無条件で正義派になれるように勘ちがいしている人は、もう一度よく顔を洗い直さなければならぬ」

宮台真司『終わりなき日常を生きろ　オウム完全克服マニュアル』ちくま文庫

輝かしき未来も脱出可能な外部もない。終わりなき日常をまったりと生きる知恵こそが必要だ。

H・D・ソロー、飯田実訳『森の生活　ウォールデン』岩波文庫

「足並みの合わぬ人を咎めるな。彼は、あなたが聞いているのとは別の、もっと見事な太鼓のリズムに足並みを合わせているかもしれないのだ」

著者について

久松達央（ひさまつ・たつおう）

株式会社久松農園 代表取締役。1970年茨城県生まれ。1994年慶応義塾大学経済学部卒業後、帝人株式会社入社。工業用繊維の輸出営業に従事。1998年農業研修を経て、独立就農。現在は7名のスタッフと共に、年間50品目以上の旬の有機野菜を栽培し、契約消費者と都内の飲食店に直接販売。ソーシャル時代の新しい有機農業を展開している。自治体や小売店と連携し、補助金に頼らないで生き残れる小規模独立型の農業者の育成にも力を入れる。著書に『キレイゴトぬきの農業論』（新潮新書）がある。

〈就職しないで生きるには21〉
小《ちい》さくて強《つよ》い農業《のうぎょう》をつくる

2014年11月30日　初版
2023年 2 月20日　10刷

著　者　久松達央

発行者　株式会社晶文社
　　　　東京都千代田区神田神保町1-11
　　　　電話　03-3518-4940（代表）・4942（編集）
　　　　URL　http://www.shobunsha.co.jp
印刷・製本　中央精版印刷株式会社

ISBN978-4-7949-6860-9　Printed in Japan